Wissenschaftliche Reihe Fahrzeugtechnik Universität Stuttgart

Reihe herausgegeben von

Michael Bargende, Stuttgart, Deutschland

Hans-Christian Reuss, Stuttgart, Deutschland

Jochen Wiedemann, Stuttgart, Deutschland

Das Institut für Fahrzeugtechnik Stuttgart (IFS) an der Universität Stuttgart erforscht, entwickelt, appliziert und erprobt, in enger Zusammenarbeit mit der Industrie, Elemente bzw. Technologien aus dem Bereich moderner Fahrzeugkonzepte. Das Institut gliedert sich in die drei Bereiche Kraftfahrwesen, Fahrzeugantriebe und Kraftfahrzeug-Mechatronik. Aufgabe dieser Bereiche ist die Ausarbeitung des Themengebietes im Prüfstandsbetrieb, in Theorie und Simulation. Schwerpunkte des Kraftfahrwesens sind hierbei die Aerodynamik, Akustik (NVH), Fahrdynamik und Fahrermodellierung, Leichtbau, Sicherheit, Kraftübertragung sowie Energie und Thermomanagement – auch in Verbindung mit hybriden und batterieelektrischen Fahrzeugkonzepten. Der Bereich Fahrzeugantriebe widmet sich den Themen Brennverfahrensentwicklung einschließlich Regelungs- und Steuerungskonzeptionen bei zugleich minimierten Emissionen, komplexe Abgasnachbehandlung, Aufladesysteme und -strategien, Hybridsysteme und Betriebsstrategien sowie mechanisch-akustischen Fragestellungen. Themen der Kraftfahrzeug-Mechatronik sind die Antriebsstrangregelung/ Hybride, Elektromobilität, Bordnetz und Energiemanagement, Funktions- und Softwareentwicklung sowie Test und Diagnose. Die Erfüllung dieser Aufgaben wird prüfstandsseitig neben vielem anderen unterstützt durch 19 Motorenprüfstände, zwei Rollenprüfstände, einen 1:1-Fahrsimulator, einen Antriebsstrangprüfstand, einen Thermowindkanal sowie einen 1:1-Aeroakustikwindkanal. Die wissenschaftliche Reihe „Fahrzeugtechnik Universität Stuttgart" präsentiert über die am Institut entstandenen Promotionen die hervorragenden Arbeitsergebnisse der Forschungstätigkeiten am IFS.

Reihe herausgegeben von

Prof. Dr.-Ing. Michael Bargende
Lehrstuhl Fahrzeugantriebe
Institut für Fahrzeugtechnik Stuttgart
Universität Stuttgart
Stuttgart, Deutschland

Prof. Dr.-Ing. Jochen Wiedemann
Lehrstuhl Kraftfahrwesen
Institut für Fahrzeugtechnik Stuttgart
Universität Stuttgart
Stuttgart, Deutschland

Prof. Dr.-Ing. Hans-Christian Reuss
Lehrstuhl Kraftfahrzeugmechatronik
Institut für Fahrzeugtechnik Stuttgart
Universität Stuttgart
Stuttgart, Deutschland

André Ebel

Generierung von Prüfzyklen aus Flottendaten mittels bestärkenden Lernens

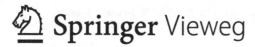 Springer Vieweg

André Ebel
IVK, Fakultät 7, Lehrstuhl für
Kraftfahrzeugmechatronik
Universität Stuttgart
Stuttgart, Deutschland

Zugl.: Dissertation Universität Stuttgart, 2024
D93

ISSN 2567-0042   ISSN 2567-0352   (electronic)
Wissenschaftliche Reihe Fahrzeugtechnik Universität Stuttgart
ISBN 978-3-658-44219-4   ISBN 978-3-658-44220-0   (eBook)
https://doi.org/10.1007/978-3-658-44220-0

Die Deutsche Nationalbibliothek verzeichnet diese Publikation in der Deutschen Nationalbibliografie; detaillierte bibliografische Daten sind im Internet über http://dnb.d-nb.de abrufbar.

Planung/Lektorat: Carina Reibold
Springer Vieweg ist ein Imprint der eingetragenen Gesellschaft Springer Fachmedien Wiesbaden GmbH und ist ein Teil von Springer Nature.
Die Anschrift der Gesellschaft ist: Abraham-Lincoln-Str. 46, 65189 Wiesbaden, Germany

Das Papier dieses Produkts ist recyclebar.

Vorwort

Die vorliegende Dissertation entstand während meiner Tätigkeit als wissenschaftlicher Mitarbeiter am Forschungsinstitut für Kraftfahrwesen und Fahrzeugmotoren Stuttgart (FKFS).

Mein besonderer Dank gilt Herrn Prof. Dr.-Ing. Hans-Christian Reuss für die Ermöglichung und Betreuung der Doktorarbeit sowie das in mich gesetzte Vertrauen. Ebenfalls bedanke ich mich bei Herrn Prof. Dr.-Ing. Eric Sax für die Übernahme des Mitberichts und das dadurch bekundete Interesse an meiner Dissertation.

Weiterhin bedanken möchte ich mich bei meinem Bereichsleiter Dr.-Ing. Thomas Riemer sowie meinen Kollegen und Kolleginnen des Instituts für die gute Zusammenarbeit und die tolle Arbeitsatmosphäre. Insbesondere danke ich meinen Bürokollegen: Dr.-Ing. Martin Kehrer für die zahlreiche Unterstützung in den letzten Jahren und Dr.-Ing. Daniel Trost für die Durchsicht und Korrektur der Arbeit.

Ein weiterer Dank gilt allen Studentinnen und Studenten, welche durch Ihre Abschlussarbeiten einen wesentlichen Beitrag zur Entstehung dieser Dissertation geleistet haben. Ihnen wünsche ich weiterhin viel Erfolg auf Ihrem beruflichen und privaten Lebensweg.

Meinen Eltern danke ich für die Ermöglichung des Studiums und den Rückhalt während all dieser Jahre. Meinen Schwiegereltern, Christiane und Klaus, danke ich für die Unterstützung während des Schreibens sowie für die Durchsicht und Korrektur der Arbeit.

Zum Abschluss möchte ich meiner Partnerin Alina danken: Danke für Deine Motivation und Unterstützung, Dein in mich gesetztes Vertrauen und Deinen Einsatz, ohne den diese Dissertation nicht hätte entstehen können.

Stuttgart   André Ebel

Inhaltsverzeichnis

Abbildungsverzeichnis

Tabellenverzeichnis

Abkürzungsverzeichnis

Md	Medianwert
M	Mittelwert
ASM	Asynchronmaschine
BAC	ausgewogene Genauigkeit (engl. *Balanced Accuracy*)
BER	*Balanced-Error-Rate*
BEV	batterieelektrisches Fahrzeug (engl. *Battery-Electric-Vehicle*)
BPTT	Backpropagation durch die Zeit (engl. *Backpropagation-through-Time*)
CRISP-DM	industrieübergreifender Standardprozess für *Data-Mining* (engl. *Cross Industry Standard Process for Data Mining*)
DBSCAN	*Density-Based-Spatial-Clustering-of-Applications-with-Noise*
DQfD	tiefes Q-Lernen von Demonstrationen (engl. *Deep-Q-learning-from-Demonstrations*)
DQL	tiefes Q-Lernen (engl. *Deep Q-learning*)
DQN	tiefes Q-Netzwerk (engl. *Deep Q-network*)
ECM	elektrochemische Modelle
EESB	elektrisches Ersatzschaltbild
EM	elektrische Maschine
Emp.	empirische Modelle
ENN	*Edited-Nearest-Neighbours*
ETC	Extra-Bäume-Klassifikator (engl. *Extra-Trees-Classifier*)
FIN	Fahrzeugidentifikationsnummer
FKFS	Forschungsinstitut für Kraftfahrwesen und Fahrzeugmotoren Stuttgart
FOIL	*First-Order-Inductive-Learner*

| GPS | globales Positionsbestimmungssystem (engl. *Global-Positioning-System*) |
| GRU | *Gated-Recurrent-Unit* |

| HD | Histogramm-Differenz |
| HV | Hochvolt |

IGBT	*Insulated-Gate-Bipolar-Transistor*
IREP	*Incremental-Reduced-Error-Pruning*
IS	Wichtigkeitsstichprobe (engl. *Importance-Sampling*)

KDD	Wissensentdeckung in Datenbanken (engl. *Knowledge Discovery in Databases*)
KI	künstliche Intelligenz
KNN	künstliches neuronales Netz
kNN	k-nächste-Nachbarn (engl. *k-Nearest-Neighbor*)

| LUT | Umsetzungstabelle (engl. *Lookup-Table*) |

Magn.	Magnitude
MDP	Markov-Entscheidungsprozess (engl. *Markov-Decision-Process*)
ML	maschinelles Lernen
MLP	mehrschichtiges Perzeptron (engl. *Multilayer-Perceptron*)
MMP	*Minimum-Marketable-Product*
MOSFET	*Metal-Oxide-Semiconductor-Field-Effect-Transistor*
MVP	*Minimum-Viable-Product*

| NEFZ | Neue Europäische Fahrzyklus |

| OCV | Leerlaufspannung (engl. *Open-Circuit-Voltage*) |

P10	10%-Perzentil
P90	90%-Perzentil
PCA	Hauptkomponentenanalyse (engl. *Principal-Component-Analysis*)

PI-Regler	Proportional-Integral-Regler
PID-Regler	Proportional-Integral-Differential-Regler
PII	*Permutation-Importance-Index*
RDE	*Real-Driving-Emission*
red. Ord.	Modelle reduzierter Ordnung
REP	reduzierte Fehlerbeseitigung (engl. *Reduced-Error-Pruning*)
RF	Zufallswald (engl. *Random-Forest*)
RFC	Zufallswald-Klassifikator (engl. *Random-Forest-Classifier*)
RFE	*Recursive-Feature-Elimination*
RIPPER	*Repeated-Incremental-Pruning-to-Produce-Error-Reduction*
RMSE	Wurzel der mittleren Fehlerquadratsumme (engl. *Root-Mean-Square-Error*)
RNA	relative negative Beschleunigung (engl. *Relative-Negative-Acceleration*)
RNN	rekurrentes neuronales Netz
RPA	relative positive Beschleunigung (engl. *Relative-Positive-Acceleration*)
SEMMA	Auswählen, Erkunden, Ändern, Modellieren, Bewerten (engl. *Sample, Explore, Modify, Assess*)
Si	Silizium
SiC	Siliziumkarbid
SM	Synchronmaschine
SMOTE	*Synthetic-Minority-Oversampling-Technique*
SMOTEENN	*SMOTE + ENN*
SNN	*Shared-Nearest-Neighbors*
SoC	Ladezustand (engl. *State-of-Charge*)
SVM	*Support-Vector-Machine*
t-SNE	*t-distributed-Stochastic-Neighbor-Embedding*
TD	*Temporal-Difference*
TPM	Übergangswahrscheinlichkeitsmatrix (engl. *Transition-Probability-Matrix*)
VI	Spannung-Strom

VOCA   *Vehicles-Operating-Conditions-Analysis*

WLTC   *Worldwide-harmonized-Light-vehicles-Test-Cycle*
WR   Wechselrichter

Symbolverzeichnis

Griechische Buchstaben

α	Lernrate	-
α_{Steig}	Steigungswinkel der Fahrbahn	-
ϵ	Distanz von Datenpunkten	-
ε	Wahrscheinlichkeit	-
η	Wirkungsgrad	-
γ_m	Schiefe	-
γ	Discount-Faktor	-
λ	Gewichtungsparameter	-
μ	Kraftschlussbeiwert	-
ω_m	Kurtosis	-
$\dot{\omega}$	Winkelbeschleunigung	rad/s^2
Φ	Hyperparameternetz	-
ϕ	Satz Hyperparameter aus dem Hyperparameternetz	-
π	Strategie	-
Ψ	Regel	-
ρ_{Luft}	Luftdichte	kg/m^3
σ^2	Varianz	-
ς	Sigmoid-Funktion	-
τ	Skalierungsparameter der Softmax-Strategie	-
Θ	Trägheitsmoment	kg m^2
θ	trainierbare Parameter des Q-Netzes	-
θ^-	trainierbare Parameter des Zielnetzes	-

Indizes

$*$	optimal
π	Strategie π betreffend
B	Beschleunigung
bal	ausgewogen

Batt	Batterie
best	beste
DQ	Doppel-Q
E	Demonstrationen betreffend
el	elektrisch
I	Innen
i, j, k, r	Zählvariablen
in	Eingang
ist	Istwert
L2	L2-Regularisierung
li	links
mech	mechanisch
nDQ	n-Schritt-Doppel-Q
out	Ausgang
r	Reset-Gate
rank	in aufsteigender Reihenfolge geordnet
re	rechts
rel	relevant
replay	Wiederholungsspeicher
rück	Rücklauf
scal	skaliert
soll	Sollwert
start	Startwert
t	Zeitpunkt
test	Testdatensatz
train	Trainingsdatensatz
veh	alle Fahrzeuge aus dem Datensatz betreffend
vor	Vorlauf
x	Fahrzeuglängsrichtung
z	Update-Gate

Lateinische Buchstaben

$\mathcal{A}$	diskrete Menge Aktionen	-
A	Aktion	-
A_{FZG}	Fahrzeugstirnfläche	m^2

a	eine Aktion	-
a'	nachfolgende Aktion	-
a_{NN}	Ausgang eines Neurons	-
a_x	Fahrzeuglängsbeschleunigung	m/s^2
b	Bias	-
bs	Batch-Größe	-
C	Kapazität	F
$Clust$	Cluster	-
c_W	Luftwiderstandsbeiwert	-
$\mathcal{D}$	Datensatz	-
E_t	Erfahrung	-
e	Episode	-
e_n	fehlerfreie Fahrzeuge	-
e_p	fehlerhafte Fahrzeuge	-
F	Kraft	N
F_B	Beschleunigungswiderstand	N
F_{Luft}	Luftwiderstand	N
F_N	Normalkraft	N
F_{Roll}	Rollwiderstand	N
F_{Steig}	Steigungswiderstand	N
F_{Zug}	Zugkraft, Antriebskraft	N
FN	falsch-negativ	-
FP	falsch-positiv	-
f	Frequenz	Hz
$f()$	Funktion	-
f_{Roll}	Rollwiderstandskoeffizient	-
f_θ	Aktualisierungsfrequenz der Netzparameter	-
$feat$	relevante Merkmale	-
G	Ertrag	-
g	Erdbeschleunigung	m/s^2
H	relative Häufigkeitsdichte	-
h	Zustand des RNN	-
h'	Speicherinhalt des RNN	-
I	Strom	A
i_{GTR}	Übersetzung	-
i, j, k, r	Zählvariablen	-

imp	Unreinheit	-
kn	Knoten	-
$\mathcal{L}$	Kostenfunktion	-
LK	Lastkollektiv	-
$\overline{LK}$	Arithmetischer Mittelwert eines Lastkollektivs	-
$\tilde{LK}$	Medianwert eines Lastkollektivs	-
$\overline{LK}_M$	Modus, Modalwert eines Lastkollektivs	-
lk	Wert einer Lastkollektivklasse	-
lk_m	Mitte einer Lastkollektivklasse	-
lk_o	obere Grenze einer Lastkollektivklasse	-
lk_u	untere Grenze einer Lastkollektivklasse	-
M	Drehmoment	N m
$Mtail$	Lage der Randbereiche eines Lastkollektivs	-
m_{FZG}	Fahrzeugmasse	kg
N	Anzahl Werte	-
n	Drehzahl	1/min
N_A	Anzahl Aktionen	-
N_B	Anzahl Regelbedingungen	-
N_E	Anzahl Trainingsepidsoden	-
N_{feat}	Anzahl Merkmale	-
N_{LK}	Anzahl Lastkollektivklassen	-
N_+	oberer Randbereich eines Lastkollektivs	-
N_-	unterer Randbereich eines Lastkollektivs	-
N_S	Anzahl Zustände	-
N_T	Anzahl Vortrainingsschritte	-
NN	Liste nächster Nachbarn	-
n_P	Punktzahl	-
$\mathcal{P}$	Übergangswahrscheinlichkeitsmatrix	-
P	Leistung	W
$Ptail$	Summe der Randbereiche eines Lastkollektivs	-
p	p-Quantil	-
p_i	Wahrscheinlichkeit von i	-
$p_{j|i}$	bedingte Wahrscheinlichkeit der Datenpunkte i&j	-
Q	Aktionswertefunktion	-

$q_{j\|i}$	bedingte Wahrscheinlichkeit der Kartenpunkte i&j	-
$\mathcal{R}$	Belohnungsfunktion	-
R	Widerstand	Ω
R_{ISO}	ISO-Gesamtbewertung	-
R_t	Belohnung zum Zeitpunkt t	-
$RMSE$	Wurzel der mittleren Fehlerquadratsumme	-
RNA	relative negative Beschleunigung	m/s^2
RPA	relative positive Beschleunigung	m/s^2
r	eine Belohnung	-
r_{dyn}	dynamischer Radhalbmesser	m
req	Bedingung für einen Fehler	-
r_{RNN}	Ausgang des Reset-Gates	-
$\mathcal{S}$	diskrete Menge Zustände	-
S	Zustand	-
SoC	Ladezustand (engl. *state-of-charge*)	%
s	ein Zustand	-
s'	nachfolgende Zustand	-
s_{Fahrt}	Fahrtstrecke	m
T	Temperatur	°C
$T_{\mathrm{Außen}}$	Umgebungstemperatur	°C
TN	richtig-negativ	-
TP	richtig-positiv	-
t	Zeit	s
t_{Fahrt}	Fahrtdauer	min
tanh	hyperbolische Tangensfunktion	-
U, W	Gewichtsmatrizen	-
U	Spannung	V
V	Zustandswertefunktion	-
v	Geschwindigkeit	m/s
val	Wert	-
WK	Wurzelknoten	-
w	Gewichtungsfaktor	-
X	hochdimensionaler Datensatz	-
x	Datenpunkt	-
Y	niedrigdimensionaler Datensatz	-

Kurzfassung

Die Anzahl an Rückrufaktionen der Automobilhersteller liegt in den letzten Jahren konstant auf einem Rekordhoch, trotzdem soll die Fahrzeugentwicklungszeit weiter verkürzt werden. Diese Anforderung führt zu einer Reduktion von Zeit und Umfang der Antriebsstrangerprobung, welche zukünftig verstärkt durch Simulationen oder auf Prüfständen durchgeführt werden soll. Um dies zielgerichtet und realitätsnah umzusetzen und folglich einen weiteren Anstieg an Rückrufaktionen zu vermeiden, werden bedarfsgerechte und kundennahe Prüfzyklen benötigt.

In der vorliegenden Dissertation werden für die realitätsnahe Antriebsstrangerprobung kundennahe Prüfzyklen aus Flottendaten mittels bestärkenden Lernens generiert. Die aus Lastkollektiven realer Kundenfahrzeuge bestehenden Flottendaten werden zu Beginn auf Fehlerbedingungen hin analysiert. Dabei sind die fehlerhaften Fahrzeuge und eine grobe Fehlerbeschreibung bekannt. Unter Verwendung von Algorithmen des maschinellen Lernens erfolgen die Datenaufbereitung, die Dimensionsreduktion zur Visualisierung der Daten und eine Clusteranalyse zur genaueren Differenzierung der Fehlerfälle. Anhand der Regel-Lernverfahren IREP, RIPPER und Skope-Rules werden Regeln ermittelt, die das Eintreten eines Fehlerfalls vorhersagen. Aus den Bedingungen dieser Regeln werden abschließend die Fehlerbedingungen abgeleitet. Das Ergebnis der Analyse sind auffällige Lastkollektivklassen, welche das zum Fehlerfall führende schädigende Kundennutzungsverhalten beschreiben. Auf diesen basierend wird ein repräsentativer Prüfzyklus generiert, der die Lastkollektivklassen zeitkontinuierlich abbildet. Für die Prüfzyklusgenerierung wird der DQfD-Algorithmus des bestärkenden Lernens mit einer Gesamtfahrzeugsimulationsumgebung kombiniert. Die Simulationsumgebung besteht aus den Antriebsstrangkomponenten des betrachteten batterieelektrischen Fahrzeugs und ist als vorwärtsgerichtete Simulation zur Berücksichtigung des dynamischen Antriebsstrangverhaltens aufgebaut. Das implementierte bestärkende Lernen nutzt ein künstliches neuronales Netz zur Approximation der Strategie zur Prüfzyklusgenerierung. Für jeden generierten Zyklus werden durch die

Simulation die relevanten internen Antriebsstranggrößen berechnet und für den folgenden Vergleich analog den auffälligen Lastkollektivklassen klassiert. Auf Basis des Vergleichs von Soll- und Istwerten wird die Strategie zur Prüfzyklenerstellung durch bestärkendes Lernen angepasst, damit der resultierende Prüfzyklus die Anforderungen der Flottendatenanalyse repräsentativ abbildet.

Abstract

The number of recalls by automotive manufacturers has been at a constant record high in recent years, yet the vehicle development time is to be further reduced. This requirement leads to a reduction in the time and volume of powertrain testing, which in future is to be carried out increasingly using simulations or on test rigs. The thesis *"Generation of test cycles from fleet data using reinforcement learning"* presents a method for solving the conflicting goals of shortening development times and reducing recalls. To this end, the testing of powertrains is improved through demand-orientated, customer-oriented test cycles in order to avoid a further increase in recalls. The load spectrum data of a vehicle fleet for a battery electric vehicle (BEV) is available as a basis. In addition, the faults that have occurred within the vehicle fleet and the affected vehicles are known. The combination of the load spectrum data with the knowledge of the faulty vehicles forms the basis for an analysis of customer usage behaviour with the aim of incorporating the damaging loads on the drivetrain occurring at the customer into the development of future drivetrain components.

The procedure within the thesis is orientated towards answering two research questions. The first research question is answered in order to determine the damaging usage behaviour: *What similarity in usage do the faulty vehicles have that distinguishes them from the fleet of fault-free vehicles?* As the fleet data consists of load collectives and the damaging behaviour is therefore also available as load collectives, the second research question is answered in order to generate a test cycle: *How can a statistically validated, continuous-time specification be generated from load collectives?*

Chapter 2: State of the Art

At the beginning of the thesis, an insight is given into the state of the art with regard to the main topics of vehicle testing, fleet data analysis, creation of test and driving cycles and the electric powertrain. The vehicle development process is presented using the V-model and agile development and the testing of powertrains is categorised in the respective process. This shows the importance of testing within the vehicle development process and the specification values required for this. The foundation of the fleet data analysis is formed by load spectra, which are calculated from load curves. The three sources of the load curves are presented here: Vehicle measurements, fleet data and driving simulation. The load spectra are calculated by classifying the load profiles. The counting methods of time at level counting and rainflow counting are used for this purpose. There are two methods for the subsequent evaluation of the load spectra: statistical analysis and data mining using machine learning (ML) methods. Both methods are explained, whereby the three data mining processes KDD, SEMMA and CRISP-DM are described and current applications are shown. A test cycle, also known as a driving cycle, is characterised by a speed-time curve and an optional road gradient profile. It forms the foundation of the test programmes, as the default values for the test bench are derived from it. There are synthesis methods for creating test cycles, which are presented categorised according to segmentation methods, Markov chain methods and hybrid approaches. Subsequently, the state of the art for the creation of demand-orientated, representative test cycles is shown using the following methods: 3F method, statistical method, VOCA method and most-relevant test scenario. The BEV under investigation is characterised by an electric drivetrain, which is finally presented using the components high-voltage battery, inverter, electric motor and transmission.

Chapter 3: Foundations and Methods

Following the state of the art, the foundations and methods necessary for understanding the thesis are introduced. The data basis is formed by the two data sources of fleet data and study data. The fleet data was collected by a car manufacturer, while the study data was collected at the FKFS as part of a volunteer study. Both data sources were generated with the same vehicle type, a BEV with centre and front-wheel drive. In addition to the technical data and the high-voltage architecture of the BEV under investigation, the two data sources and the fault case under investigation are introduced. This is followed by a presentation of the machine learning algorithms used, categorised into supervised learning, unsupervised learning and reinforcement learning. In addition, the metrics used to assess the quality of the models from the area of supervised learning are shown.

Chapter 4: Fleet Data Analysis

The fleet data consisting of load spectra of real customer vehicles is analysed for fault conditions within the fleet data evaluation. The faulty vehicles and a rough description of the fault are known. The procedure used to analyse fleet data is based on the five stages of the KDD process (Knowledge Discovery in Databases). The process is run through three times. The first stage of the KDD process is the selection of data. To analyse the fault conditions, the load spectrum data that was available on the date of the findings is used for the faulty vehicles and the data from the last readout is used for the fault-free vehicles. In the first run, the data set is initially cleaned during data preparation in stage two and prepared for the subsequent analyses. In the third stage of the KDD process, the transformation, the dimensions are reduced using the PCA and t-SNE algorithms so that the data set can be visualised in the fourth stage, data mining. The faulty vehicles are graphically displayed in comparison to the fault-free ones. The interpretation in the fifth stage of the KDD process leads to the result that the considered fault cases are not unique. Therefore, in a second run of the KDD process, starting in stage four of data mining, the faulty vehicles are cluster analysed using the SNN algorithm and the results are interpreted. The faulty vehicles are divided into clusters, which are subsequently regarded as independent fault cases and analysed independently of each other. The third run of the KDD process begins in the second stage, the cleaning of the data. The data set is divided into training and test data and the features relevant to the respective fault are determined. This serves to reduce the data in order to shorten the runtime of the subsequent algorithms. In the following third stage, the transformation, the training data set is upsampled and downsampled using the SMOTEENN algorithm in order to resolve the class imbalance between faulty and fault-free vehicles. Then, in the data mining stage, rules are determined that apply to the occurrence of the faults. For this purpose, the three rule learning methods IREP, RIPPER and Skope rules are applied and compared. The rules of the Skope rules algorithm achieve the highest model quality and are used below.

Finally, the conditions that faulty vehicles have in common can be derived from the rules and differentiated from fault-free vehicles. The implemented KDD process concludes with the evaluation of the fault conditions determined. The results of the analysis are conspicuous load spectrum classes that describe the damaging usage behaviour of customers that leads to the fault. In addition to the fault conditions, further influencing factors are evaluated which characterise the representative use of the faulty vehicles. The selected influencing factors are the distribution of speed, the duration of the journey, the distance travelled, the outside temperature and the state of charge of the high-voltage battery at the start of the journey.

Chapter 5: Modelling and Simulation

The fault conditions determined consist of load spectra that include the internal operating variables of the drivetrain. To ensure that these can be taken into account within a test cycle, a complete vehicle simulation environment is created to calculate the internal operating variables. The component models of the high-voltage battery and the drive unit, consisting of inverter and electric machine, are presented for this purpose. After analysing existing modelling approaches, the electrical equivalent circuit diagram model is selected and implemented for modelling the high-voltage battery. It best solves the conflict of objectives between the requirements of accuracy and interpretability versus the requirements of configuration and calculation effort for this thesis. For the drive unit, modelling using a quasi-static model is selected to solve the same conflict of objectives. The torque and efficiency behaviour are mapped using lookup tables. The component models of the high-voltage battery and drive unit are then combined with the other models - transmission, drive shafts, brakes, tyres and auxiliary consumers - to create the overall vehicle simulation environment. This is a longitudinal dynamic forward simulation that receives a speed-time and a gradient-time curve as a specification (test cycle) and attempts to follow this via a driver controller. The loads occurring are calculated by taking into account the driving resistance and the dynamic processes within the drivetrain. To verify the accuracy of the overall vehicle simulation environment, the simulation variables of the drivetrain are validated using measurement data. ISO 18571 and the RMSE are used as metrics for the validation. The implemented complete vehicle simulation environment achieves the ISO grades good to excellent for the relevant operating variables in accordance with ISO 18571.

Chapter 6: Test Cycle Generation

Finally, a representative test cycle is generated based on the fault conditions, which continuously maps the critical load spectrum classes over time. For this purpose, reinforcement learning is applied by combining the deep Q-learning from demonstrations (DQfD) algorithm with the overall vehicle simulation environment. The implemented DQfD algorithm uses an artificial neural network (ANN) to approximate the strategy for test cycle generation. The ANN is structured as a recurrent network (RNN), consisting of two GRU layers, to learn the continuous-time behaviour of the test cycle. Based on the learned strategy, the agent of the DQfD algorithm selects an action in order to maximise the reward. To do this, the agent interacts with the environment in that the action selected by the agent leads to a new state of the environment. Within the environment, the three-dimensional state space consisting of the state variables velocity, acceleration and road gradient is used. The speed and acceleration state variables result from the basic requirement for a speed-time profile, while the road gradient state variable serves as an influencing variable for varying the load on the drivetrain. The agent can choose from 15 possible actions, whereby a distinction is made between the change in speed and the change in gradient. This means that the 15 actions consist of a combination of five actions for a change in speed (none, moderate increase or decrease or maximum increase or decrease) and three actions for a change in gradient (none, negative, positive). The next state of the environment is calculated from the changes and transferred to the agent as a status. In addition, interaction with the overall vehicle simulation environment takes place by using the test cycles as a specification for the simulation and using this to calculate the relevant internal operating variables of the drivetrain. To calculate the test cycle, the concept is applied that different time resolutions are selected for the agent and the resulting test cycle and that the time resolution of the agent is higher than that of the test cycle. This allows the actions to be discretised, which means that there is no dependency between the number of actions and the resolution of the state variables. The presence of the fault conditions is derived from the simulation results and used to calculate the reward function. For this purpose, the relevant simulation signals are classified analogue to the conspicuous load spectrum classes. Based on the comparison of target and actual values, a reward value is calculated, which increases with the decreasing difference between the values and is taken into account within the reward function. Furthermore, the reward function consists of an evaluation of the state variables (required speed distribution, dynamics of the test cycle and no height difference between the start and end of the test cycle), a penalty term for non-permitted states and a final evaluation with regard to the cycle length. The agent receives the reward value and adapts its strategy for test cycle generation through reinforcement learning (deep Q-learning) so that the future rewards are maximised and the resulting test cycle is representative of the requirements of the fleet data analysis.

Chapter 7: Conclusions

The application of the method is presented using a selected fault as an example, the insulation fault of the drive unit. The fault conditions are determined for the fault, which consist of the internal operating variables current, temperature and state of charge of the high-voltage battery as well as the torque and speed of the electric machine. The test cycle is then generated using the two learning phases of the DQfD algorithm. In the first phase, pre-training, the agent learns the general relationships within a test cycle using the study data. Subsequently, in the second phase, reinforcement learning, the strategy of test cycle generation is optimised to the requirements set within the reward function. Following the learning process, the RNN is trained and used to generate representative test cycles.

The first research question (*What similarity in use do the faulty vehicles have that distinguishes them from the fleet of fault-free vehicles?*) can be answered using the results of the fleet data analysis. To identify the similarities between the faulty vehicles, the load collective data is first analysed. The data set is supplemented, cleaned and scaled, the faulty vehicles are differentiated into clusters and the imbalance between faulty and fault-free vehicles is equalised. The relevant load spectrum classes are then selected and rules are derived from these using the Skope rules algorithm, which can be used to differentiate between faulty and fault-free vehicles. These rules describe the similarity of the faulty vehicles and the distinction from the fault-free vehicles. The rules are made up of several conditions and a condition consists of a load spectrum class and a state. The conditions are interpreted conclusively as fault conditions and represent the occurring load on the internal operating variables of the drivetrain. The combination of loads within a rule ultimately leads to the fault case.

The answer to the second research question (*How can a statistically validated, continuous-time specification be generated from load spectra?*) is based on the presented method of test cycle generation, in which reinforcement learning is coupled with the overall vehicle simulation environment. The deep Q-learning agent generates continuous-time speed and gradient curves, from which the internal operating variables of the drivetrain are calculated in the simulation. In the post-processing of the simulation, the relevant simulation signals are classified analogue to the associated load spectra, enabling a quantitative comparison. Based on the comparison result, the agent adapts its strategy until the classified simulation signals and associated load spectra are almost identical. This situation is referred to as the optimal strategy and is used to generate statistically verified, continuous-time specifications for the analysed load spectra.

1 Einleitung

1.1 Motivation

Rückrufkationen verursachen einen finanziellen Schaden bei den betroffenen Automobilherstellern sowie einen Ansehensverlust bei den Kunden. Trotzdem sind in Deutschland die Rückrufaktionen des Kraftfahrt-Bundesamtes von durchschnittlich 180 Rückrufen in den Jahren 2010 - 2013 auf 575 in den Jahren 2018 - 2021 gestiegen [125], [123]. Dabei waren allein im Jahr 2021 ca. 3,4 Mio. Kraftfahrzeuge von Rückrufaktionen betroffen [125]. Bei einer genaueren Betrachtung der Rückrufaktionen wird ersichtlich, dass im Jahr 2020 21 % und im Jahr 2021 10 % der Rückrufe auf den Antriebsstrang entfallen [124]. Die möglichen Ursachen für die gestiegene Anzahl an Rückrufaktionen sind vielfältig. So wird neben erhöhtem Kostendruck, der Wertschöpfungsverlagerung und der steigenden technischen Komplexität auch die Zunahme der Entwicklungsgeschwindigkeit genannt [124]. Die Produktentwicklungszyklen sollen hierbei in Zukunft weiter verkürzt werden, indem diese anstatt der bisherigen 4 - 6 Jahre dann nur noch 40 Monate betragen sollen [79], [102]. Dies erfordert eine Neugestaltung des Entwicklungsprozesses, bei dem ein Großteil der Erprobung virtuell anhand von Simulationen sowie auf Prüfständen stattfindet und die Erprobung auf der Straße ersetzen soll [70], [79], [98].

Begünstigt wird die Transformation des Entwicklungsprozesses durch die Trends der Digitalisierung: *Big Data*, *Cloud*-Dienste und künstliche Intelligenz (KI). Moderne Kraftfahrzeuge sammeln während des Betriebs fahrzeugbezogene Mobilitätsdaten, die in der aktuellsten Entwicklungsstufe *Over-the-Air* übertragen und beim Fahrzeughersteller gespeichert werden [60]. Diese Daten ermöglichen eine Analyse des Nutzungsverhaltens der Kunden. Durch eine zusätzliche Anreicherung der Mobilitätsdaten mit externen Daten (bspw. mit Werkstattdaten über Reparaturen) kann die Analyse differenzierter durchgeführt werden [24], [60]. Ein Ziel ist dabei, die beim Kunden auftretenden Belastungen des Antriebsstrangs zu messen und diese in die Entwicklung zukünftiger

© Der/die Autor(en), exklusiv lizenziert an
Springer Fachmedien Wiesbaden GmbH, ein Teil von Springer Nature 2024
A. Ebel, *Generierung von Prüfzyklen aus Flottendaten mittels bestärkenden Lernens*, Wissenschaftliche Reihe Fahrzeugtechnik Universität Stuttgart,
https://doi.org/10.1007/978-3-658-44220-0_1

Antriebsstrangkomponenten einfließen zu lassen, indem die Ergebnisse bspw. für die Auslegung der Betriebsfestigkeit verwendet werden [24], [53]. Aufgrund der hierbei vorliegenden großen Datenmenge erfolgt die Analyse mit Methoden des maschinellen Lernens (ML), einem Teilbereich der KI. Mit den ML-Methoden ist es möglich, datenbasierte Vorhersagemodelle abzuleiten sowie Strukturen, Muster und Korrelationen in der vorhandenen Datenmenge zu identifizieren [24].

Die vorliegende Dissertation hat das Ziel, die Erprobung von Antriebssträngen durch bedarfsgerechte kundennahe Prüfzyklen zu verbessern. Dazu soll eine Analyse von Fahrzeugflottendaten hinsichtlich bekannter Fehlerfälle erfolgen, um das zum Fehlerfall führende schädigende Nutzungsverhalten zu identifizieren. Darauf basierend sollen kundennahe Prüfzyklen generiert werden, welche anschließend für die zukünftige Entwicklung und Erprobung von Antriebssträngen zur Verfügung stehen. Die Prüfzyklen sollen dazu beitragen, die Erprobung in der verkürzten Entwicklungszeit von 40 Monaten zielgerichteter und realitätsnaher zu gestalten, um Fehler im Feld und darauf folgende Rückrufaktionen wieder zu reduzieren.

1.2 Problemstellung und Forschungsfragen

Der entstehende Zielkonflikt aus der Verkürzung der Entwicklungszeiten und der Reduzierung von Rückrufaktionen kann nur durch eine zielgerichtetere Erprobung gelöst werden. Diese wird durch das systematische Einbeziehen von Simulation und Prüfstandsversuchen in den Entwicklungsprozess ermöglicht. Damit diese Werkzeuge zielführend eingesetzt werden können, besteht die Notwendigkeit von bedarfsgerechten kundennahen Vorgaben. Insbesondere durch den technologischen Wandel des Antriebsstrangs, der bspw. durch die zunehmende Elektrifizierung neue Rahmenbedingungen schafft, unterliegt auch das Kundenverhalten einer stetigen Veränderung. Aus diesem Grund muss das Kundenverhalten fortwährend analysiert, das schädigende Nutzungsverhalten identifiziert und das Ergebnis für zukünftige Entwicklungen berücksichtigt werden. In dieser Arbeit stehen dazu die Lastkollektivdaten einer Fahrzeugflotte - weiterhin Flottendaten genannt - für ein batterieelektrisches Fahrzeug (engl.

Battery-Electric-Vehicle) (BEV) zur Verfügung. Weiterhin sind die innerhalb der Fahrzeugflotte aufgetretenen Fehlerfälle und die betroffenen Fahrzeuge bekannt. Auf dieser Grundlage soll das schädigende Nutzungsverhalten analysiert werden, das zum jeweiligen Fehlerfall führt. Zur Bestimmung des schädigenden Nutzungsverhaltens soll die folgende Forschungsfrage beantwortet werden:

Welche Gemeinsamkeit in der Nutzung haben die fehlerhaften Fahrzeuge, die sie von der Flotte der fehlerfreien Fahrzeuge unterscheidet?

Das zum Fehlerfall führende schädigende Nutzungsverhalten liegt innerhalb der Flottendaten als Lastkollektive vor. Lastkollektive stellen die auftretenden Belastungen in Form von Häufigkeiten dar und werden durch die Klassierung der Messdaten gebildet. Die Klassierung ermöglicht eine Reduktion des notwendigen Speicherbedarfs der Daten innerhalb der Steuergeräte, andererseits geht der zeitliche Bezug der Belastungen verloren. Die notwendigen Vorgaben - weiterhin gleichbedeutend auch Prüfzyklen genannt - für die Simulation und Prüfstandsversuche benötigen hingegen den zeitlichen Bezug, da beide auf der Ausführung nach festgelegten Zeitschritten basieren. Dies führt zur zweiten Forschungsfrage, die im Rahmen dieser Arbeit beantwortet werden soll:

Wie kann aus Lastkollektiven eine statistisch abgesicherte, zeitkontinuierliche Vorgabe generiert werden?

1.3 Aufbau der Arbeit

Nach einleitender Vorstellung der Motivation der Dissertation und den daraus abgeleiteten Forschungsfragen wird an dieser Stelle eine Übersicht über den Aufbau der Arbeit gegeben.

Im folgenden **Kapitel 2** erfolgt die Darstellung des Stands der Technik, auf dem diese Dissertation aufbaut. Es wird ein Überblick über die Erprobung im Fahrzeugentwicklungsprozess, die Lastkollektiverstellung und -analyse sowie die Möglichkeit zur Generierung von repräsentativen Prüfzyklen gegeben. Zusätzlich werden die Komponenten des elektrischen Antriebsstrangs vorgestellt, welche die Grundlage zur Modellbildung und Simulation in Kapitel 5 darstellen.

In **Kapitel 3** werden die Grundlagen und Methoden eingeführt, die dem Verständnis dieser Dissertation dienen. Zu Beginn sind dies die Datengrundlagen, die aus den Lastkollektivdaten einer Fahrzeugflotte und den Messdaten einer Probandenstudie bestehen. Anschließend folgt ein Einblick in die Methodik des ML, wobei der Fokus auf dem bestärkenden Lernen sowie ausgewählten Algorithmen des überwachten Lernens und der Bewertung von hieraus abgeleiteten Modellen liegt.

Danach erfolgt in **Kapitel 4** die Auswertung der Flottendaten. Die entwickelte Methode zur Fehleranalyse wird anhand eines realen Fehlerfalls vorgestellt und ausgeführt. Dazu wird der Datensatz zunächst aufbereitet sowie in seiner Dimension reduziert und visualisiert. Anschließend folgen eine Clusteranalyse und eine Merkmalsauswahl, bevor zuletzt die Fehlerbedingungen durch ein Regel-Lern-Verfahren ermittelt werden.

Zur Berechnung der internen Betriebsgrößen des Antriebsstrangs werden in **Kapitel 5** die Werkzeuge der Modellbildung und Simulation vorgestellt. Dazu werden die entwickelten Komponentenmodelle sowie deren Einbindung in eine Gesamtfahrzeugsimulationsumgebung erläutert. Der Funktionsnachweis der Simulation erfolgt durch die abschließende Validierung der Simulationsgrößen nach ISO 18571.

In **Kapitel 6** werden die repräsentativen Prüfzyklen mittels bestärkenden Lernens generiert, welche für die Erprobung in der Simulation und am Prüfstand in der frühen Entwicklungsphase von Fahrzeugen verwendet werden können. Zu Beginn wird die entwickelte Methode vorgestellt, indem der gewählte Algorithmus sowie die Umsetzung der Elemente Umgebung, Agent und Belohnungsfunktion erläutert werden. Zum Nachweis der Repräsentativität der Methode werden Prüfzyklen für den betrachteten Fehlerfall aus Kapitel 4 erzeugt und ausgewertet.

Den Abschluss der Arbeit bildet **Kapitel 7**, in dem die wesentlichen Ergebnisse zusammengefasst werden und ein Ausblick auf mögliche Anwendungen und Weiterentwicklungen gegeben wird.

2 Stand der Technik

Das Ziel der vorliegenden Dissertation ist, die Erprobung von Antriebssträngen durch bedarfsgerechte kundennahe Prüfzyklen zu verbessern. Dazu wird der Stand der Technik hinsichtlich der Themenschwerpunkte Fahrzeugerprobung in Kapitel 2.1, Flottendatenanalyse in Kapitel 2.2 und Erstellung von Prüf- und Fahrzyklen in Kapitel 2.3 vorgestellt. Die Grundlage der Arbeit bilden die Daten eines BEV, für das in Kapitel 2.4 der elektrische Antriebsstrang eingeführt wird.

2.1 Erprobung im Fahrzeugentwicklungsprozess

Der Fahrzeugentwicklungsprozess umfasst den Vorgang von der Anforderungsdefinition bis zur Produktfertigstellung. Dabei befindet sich der Automobilbereich im Wandel: das bisherige Vorgehen nach dem V-Modell wird zunehmend durch agile Entwicklungsmethoden ergänzt. In diesem Kapitel erfolgt die Einordnung der Erprobung von Antriebssträngen in den Fahrzeugentwicklungsprozess sowie die Vorstellung der verschiedenen Verfahren der Erprobung von Antriebssträngen.

2.1.1 Einordnung in den Fahrzeugentwicklungsprozess

Die Entwicklung komplexer mechatronischer und cyber-physischer Systeme erfolgt im Automobilbereich noch vorwiegend anhand der Entwicklungsmethodik des V-Modells. Das V-Modell wurde erstmals durch Boehm [19] im Rahmen der Softwareentwicklung beschrieben und innerhalb der VDI Richtlinie 2206 für allgemeine Entwicklungsprozesse als Vorgehensmodell empfohlen. Es beschreibt den in Abbildung 2.1 dargestellten generischen Prozess der Entwicklung von mechatronischen Systemen auf der Makroebene. Dabei werden, ausgehend von einem durch Anforderungen definierten Entwicklungsauftrag, die Phasen der

Systemarchitektur, Implementierung der Systemelemente, Systemintegration & -verifikation und Validierung & Übergabe durchlaufen. Innerhalb der Systemarchitektur wird das System in implementierbare Einheiten zerlegt, dies sind Systemelemente mit zugeordneten spezifizierten Anforderungen und relevanten Schnittstelleninformationen. Nach der Implementierung der Systemelemente werden diese im Rahmen der Systemintegration schrittweise zu Subsystemen und letztlich zum Gesamtsystem zusammengeführt. Während der Systemintegration findet gleichzeitig die Verifikation der Systemelemente, Subsysteme und des Gesamtsystems statt, wobei eine Integration in die nächsthöhere Systemebene erst nach Abschluss der Verifikation der Ausgangsebene beginnen darf. Die Verifikation, auch Eigenschaftsabsicherung genannt, erfolgt parallel zu den Kernaufgaben der Entwicklung und dient der kontinuierlichen Überprüfung der geforderten Systemeigenschaften in einer virtuellen und/oder physischen Umgebung. Vor der Übergabe des Systems wird dieses gegenüber den übergeordneten Anforderungen validiert, indem die Erfüllung des Kundenwertes und der Bedürfnisse der Anforderungsgeber nachgewiesen werden. Im Rahmen der Entwicklung eines Systems wird der Makrozyklus des V-Modells mehrmals durchlaufen, wobei die Anzahl der Durchläufe und die zu durchlaufenden Teilschritte im V-Modell von der spezifischen Entwicklungsaufgabe abhängen. [67]

Das System Antriebsstrang, das durch die Kombination mehrerer Subsysteme entsteht, erfordert eine Betrachtung innerhalb der verschiedenen Systemebenen über den gesamten Makroprozess des V-Modells hinweg. Diesbezüglich wird in Albers & Schyr [2] eine Erweiterung des V-Modells für Antriebsstränge vorgestellt, bei der die Eigenschaftsabsicherung anhand der Systemebenen gegliedert ist. Die Verifikation & Validierung der Antriebsstrangkonzepte erfolgt hierbei in unterschiedlichen Versuchskonfigurationen, vom Elementversuch (bspw. Lagerprüfstand) über den Komponentenversuch (bspw. Motorprüfstand), Teilsystemversuch (bspw. Antriebsstrangprüfstand) und Gesamtsystemversuch (bspw. Rollenprüfstand) bis zum Betriebsversuch mit dem Gesamtfahrzeug auf der Versuchsstrecke [2]. Für jede Systemebene stehen individuelle Prüfstandssysteme und Prüffelder zur Verfügung, mit denen die sukzessive und kontinuierliche Verifikation & Validierung möglich ist.

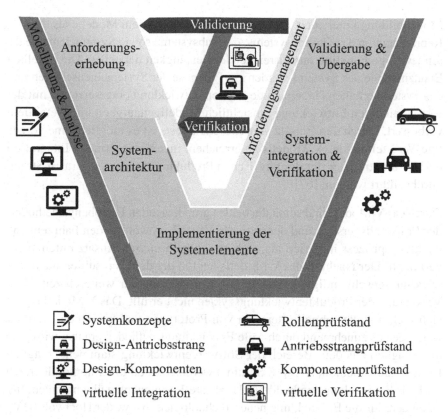

Abbildung 2.1: V-Modell zur Entwicklung mechatronischer und cyber-
physischer Systeme nach VDI 2206 [67], [126]

Neben den Kernaufgaben der Systementwicklung, dargestellt im mittleren
Strang in Abbildung 2.1, verlaufen dazu parallel im inneren Strang die Anforderungsentwicklung sowie im äußeren Strang die Modellbildung und Analyse
des Systems. Die Anforderungsentwicklung berücksichtigt die Änderungen
der Systemanforderungen aufgrund von Erkenntnisgewinn, Rückkopplungen
und Iterationen aus nachgelagerten Bereichen oder aktualisierten Kundenwün-
schen und Marktanforderungen. Die Anforderungsänderungen können dabei
die laufende Systementwicklung betreffen, aber auch bei der Entwicklung von
Produktvarianten oder neuen Produktgenerationen die Grundlage bilden. Die

Modellbildung unterstützt die Systementwicklung, indem Modelle als digitale Repräsentanten des Gesamtsystems, der Subsysteme sowie Systemelemente deren jeweilige Funktion mit ausreichender Genauigkeit darstellen. Die erstellten Ersatzmodelle des Systems werden zur Prognose der Systemeigenschaften und des Systemverhaltens innerhalb der Systementwicklung eingesetzt und mit der fortschreitenden Entwicklung hinsichtlich Modellgenauigkeit und Detailtiefe verbessert. Durch den Einsatz von virtuellen Tests ist es möglich, eine vorzeitige Verästelung des V-Modells zu erreichen, indem die virtuelle Integration und Verifikation vor der des physischen Produktes in einem separaten Strang durchgeführt werden. [67]

Durch das V-Modell sind somit die beiden grundlegenden Erprobungsmethoden, der Prüfstandsversuch und der virtuelle Versuch, sowohl in den Fahrzeugentwicklungsprozess integriert als auch im modellbasierten Ansatz miteinander verknüpft. Der Nachteil des V-Modells liegt in der daraus resultierenden Entwicklungsgeschwindigkeit, welche die Anforderung der weiteren zeitlichen Verkürzung der Produktentwicklungszyklen nicht erfüllt. Das V-Modell eignet sich nicht für die schnelle Iteration von Prototypen und einzelnen Features, weswegen es zunehmend durch agile Entwicklungsmethoden ergänzt wird. Die ursprünglich aus dem Bereich der Softwareentwicklung stammenden agilen Entwicklungsmethoden (bspw. Scrum[1]) werden aktuell im Automobilbereich auch als Entwicklungsmethodik für Hardware-Komponenten übernommen. Insbesondere für die Entwicklung neuer Technologien (bspw. der Hochvolt (HV)-Batterie), für die zu Beginn der Entwicklung unklare Anforderungen vorliegen (bspw. die Kundenanforderung hinsichtlich der Reichweite) und deren Randbedingungen sich durch technologische Fortschritte während der Entwicklung ändern (bspw. die Batteriezelltechnologie), kann die agile Herangehensweise genutzt werden, um kürzere Iterationsschleifen für die konstruktive Umsetzung zu ermöglichen. Ein zentraler Aspekt der agilen Entwicklungsmethoden ist der Einsatz von Prototypen. Zu Beginn muss ein *Minimum-Viable-Product* (MVP)

---

[1]Scrum nach Schwaber & Sutherland [147] ist eine Entwicklungsmethode, bei der ein zyklisches Entwickeln in 4-wöchigen Sprints erfolgt. Die Planung der Aufgaben geschieht zu Beginn des Sprints, anschließend werden diese vom Entwicklerteam bearbeitet. Ziel ist, am Ende des Sprints ein funktionsfähiges Teil des Produkts (Inkrement) zu haben, das zusammen mit den Stakeholdern überprüft wird. Daraus werden die Anforderungen weiter konkretisiert und als Grundlage für den nächsten Sprint verwendet. [74]

konzipiert werden, das als erste, minimal funktionsfähige Produktvariante den Kunden und Stakeholdern zum Testen bereitgestellt wird. Durch Integration virtueller Entwicklungswerkzeuge kann das MVP zuerst als virtueller Prototyp ausgeführt werden, der innerhalb einer virtuellen Umgebung getestet wird. Basierend auf den Rückmeldungen wird das MVP erweitert und im zweiten Schritt ein *Minimum-Marketable-Product* (MMP) definiert, das als einfachste Produktausführung ein Minimum an Anforderungen erfüllt, um marktfähig zu sein. Da im Gegensatz zu Softwareprodukten die Hardware nach Auslieferung nicht mehr angepasst werden kann, muss das MMP bereits am Anfang alle notwendigen Anforderungen erfüllen, was wiederum zu mehr Aufwand und längeren Produktentwicklungszeiten führt. Die Lösung dieser Herausforderung liegt in einer modularen Entwicklung, bei der das zu entwickelnde Produkt in Module aufgeteilt wird, welche durch verschiedene agile Teams parallel entwickelt und getestet werden. Aufgrund des Ziels der agilen Entwicklungsmethoden, durch schnelle Iterationen funktionsfähige Module zu entwickeln, muss deren Funktionsfähigkeit durch die Erprobung abgesichert werden. Nach Albers et al. [1] gehört die frühzeitige und kontinuierliche Validierung zu den Grundprinzipien der agilen Entwicklung mechatronischer Systeme. Die Erprobung muss sowohl für die virtuellen MVP als auch für die realen MVP und MMP Ergebnisse im Zeitraum der definierten Entwicklungszyklen liefern. Auf Grundlage der Validierungsergebnisse wird das weitere Vorgehen im Prozess bestimmt. Daher ist es notwendig, die Entwicklungen frühzeitig im Prozess in Hinblick auf die Erfüllung des Kunden- und Stakeholdernutzens zu validieren, um die weiteren Entwicklungszyklen abzusichern. [1], [74], [104], [165]

2.1.2 Vorgabewerte für die Erprobung

Die Erprobung des Gesamtsystems, der Subsysteme und Systemelemente im Rahmen der Verifikation derselbigen kann in einem virtuellen, realen oder einer Kombination aus virtuellem und realem Versuch durchgeführt werden. In dieser Arbeit liegt der Fokus auf der Generierung von Vorgabewerten für die Erprobung von Komponenten, dem Verbund mehrerer Komponenten und dem Gesamtfahrzeug.

In der realen Erprobung muss das System physikalisch vorhanden sein, um das Verhalten in der jeweiligen Umgebung, unter Berücksichtigung aller physikalischen Lasten, untersuchen zu können. In Abbildung 2.1 sind die Prüfstände zur realen Erprobung in den Fahrzeugentwicklungsprozess eingeordnet. Auf dem Komponentenprüfstand werden einzelne Komponenten und Subsysteme mit bauteilspezifischen Belastungen erprobt, anschließend erfolgt die Erprobung von Teilsystemen als Verbund mehrerer integrierter Komponenten auf dem Antriebsstrangprüfstand. Hierbei liegt der Fokus auf der Funktionsabsicherung des integrierten Systems sowie auf der kunden- und realitätsnahen Erprobung (bspw. der Dauerhaltbarkeit). Auf dem Rollenprüfstand wird abschließend das Fahrzeug als Gesamtsystem erprobt, bevor im Betriebsversuch die Straßentests beginnen. [126]

Die Gemeinsamkeit der genannten Prüfstände liegt darin, dass ein Prüfprogramm als Eingangsgröße benötigt wird. Dieses besteht aus einem Ablauf von Sollwertvorgaben, in der Regel last- oder drehzahlabhängig, die dem zu prüfenden System durch den Prüfstand aufgeprägt werden. Abhängig vom Erprobungszweck lassen sich diese in stationäre, synthetische und dynamische Prüfprogramme gliedern. Die stationären Prüfprogramme bestehen aus konstanten Drehzahl-/ Drehmomentanforderungen, die als Ein- bzw. Mehrstufenlastläufe dem Prüfling vorgegeben werden. Dagegen setzen sich die synthetischen Prüfprogramme aus einzelnen Fahrmanövern zusammen, die in einem iterativen Prozess von der Prüfstandssimulation derart angepasst und dem Prüfling vorgegeben werden, dass die gewünschte Zielgröße (bspw. die Sollschädigung) erreicht wird. Die Nachbildung des realen Fahrbetriebs in allen Betriebspunkten wird mittels der dynamischen Prüfprogramme erreicht, bei denen dem Prüfling die reale Fahrzeugfahrt durch dynamische Nachfahrprogramme aufgeprägt wird. Damit der Prüfling der Vorgabe folgen kann, wird dieser in einen geschlossenen Regelkreis eingebunden (*Closed-Loop*). Die Herausforderung liegt dabei in der zeitlichen Synchronisation zwischen Prüfprogramm und Zustand des Prüflings und kann bspw. durch das von Bach [9] vorgestellte *Reactive-Replay* gelöst werden. [9] [39], [143]

Die Generierung der Sollwertvorgabe für die dynamischen Nachfahrprogramme wurde zuerst durch die Übernahme von Fahrzeugmessungen realisiert. Um hierbei die Belastungen am Prüfstand realistisch darzustellen, müssen das

Messfahrzeug und der Prüfaufbau über die gleiche Antriebstopologie sowie über möglichst identische Komponenten verfügen. Dies ist im Hinblick auf die steigende Variantenvielfalt[2] und dem damit verbundenen Aufwand bei der Generierung der Sollwerte schwierig zu realisieren. Eine Möglichkeit, die Sollwertvorgaben individueller zu erstellen, ist der Einsatz von Fahrsimulationen, auf den in Kapitel 2.3.2 eingegangen wird. Abhängig von der Art und dem Regelungskonzept des Prüfstands dienen unterschiedliche Signale als Sollwerte für die Ansteuerung. Für den Antriebsstrangprüfstand sind dies bspw. der Pedalwert und die Abtriebsdrehzahl. Innerhalb einer Antriebsstrangsimulation werden diese Größen berechnet, indem ein vorher definierter Prüfzyklus nachgefahren wird. Die Vorgabe der simulierten Sollwerte erfolgt entweder im Anschluss an die Simulation, die sogenannte Bandvorgabe, oder in Echtzeit durch die parallel ablaufende Onlinesimulation. [143]

Bei der virtuellen Erprobung wird das gesamte zu untersuchende System durch Modelle beschrieben und in seinem Verhalten simuliert. Fietkau et al. [53] beschreiben dazu eine Systematik der virtuellen Hardwareentwicklung, bei der sowohl alle Phasen des Entwicklungsprozesses als auch alle Komponenten Berücksichtigung finden. Dazu werden digitale Antriebssysteme eingeführt, die Bauteile und Funktionen des Antriebsstrangs umfassen und je nach Typ Bauteileigenschaften (bspw. Betriebsfestigkeit), funktionale Eigenschaften (bspw. Fahrleistungen) oder Berechnungsrandbedingungen (bspw. Lastkollektive) beschreiben. Die digitalen Antriebssysteme werden im Rahmen des Produktentstehungsprozesses kontinuierlich weiterentwickelt und zur Betrachtung des Gesamtfahrzeugs zu digitalen Prototypen zusammengefasst. Die virtuelle Hardwareentwicklung wird mit der datengetriebenen Entwicklung kombiniert, die durch systematische Analysen von Felddaten die Belastungen im Feld ermittelt. Damit wird analog zu den realen Versuchen für jede Baustufe eine simulierte

---

[2]Die Anzahl der Fahrzeugmodelle lag bspw. bei den Automobilherstellern BMW, Mercedes-Benz und VW im Zeitraum von 1980 bis 2000 bei durchschnittlich 10, seitdem steigt diese an und lag im Jahr 2020 schon bei durchschnittlich 20 Modellen. Gleichzeitig steigt die Anzahl an angebotenen Motorisierungen pro Modell, bspw. durch die Hybridisierung des Antriebsstrangs. Am Beispiel des Fahrzeugmodells Golf des Automobilherstellers VW bedeutet das, dass die Anzahl von fünf Motorisierungen beim Golf 1 auf 20 beim aktuellen Golf 8 angestiegen ist. Die Kombination aus mehr Fahrzeugmodellen bei gleichzeitig mehr angebotenen Motorisierungen führt zur steigenden Variantenvielfalt. [7], [141]

Zuverlässigkeit berechnet und zur Erprobung genutzt. Dies ermöglicht sowohl die Reduktion der Versuchszahl pro Entwicklungsschritt, als auch der Anzahl real geprüfter Komponenten. [53]

2.2 Lastkollektive für die Erprobung

In der Fahrzeugtechnik treten die Belastungen aufgrund der Straßenunebenheiten und des Einflusses des Fahrers völlig regellos auf. Um die Belastungen für den Betrieb zu ermitteln, wird ein Last-Zeit- oder Last-Weg-Verlauf benötigt. Diese erfassen die Beanspruchungen an der Komponente und lassen sich über Messungen oder innerhalb einer Simulation aufzeichnen. Moderne Fahrzeugsteuergeräte messen die Beanspruchungen während des Betriebs, bilden durch die Klassierung Lastkollektive und speichern diese ab. [16]

2.2.1 Ermittlung der Belastungsverläufe

Ein Last-Zeit-Verlauf, auch Belastungs-Zeit-Funktion oder Belastungsverlauf genannt, stellt die zeitliche Abfolge eines physikalischen Signals dar, welches signifikant für die Belastung der Komponente ist. In Abbildung 2.2 ist ein beispielhafter Belastungsverlauf dargestellt, der weiterhin als Grundlage für die folgenden Erklärungen zur Klassierung genutzt wird. Die drei Quellen für die Ermittlung von Belastungsverläufen sind die Fahrzeugmessung, die Flottendaten und die Fahrsimulation.

Fahrzeugmessungen

Für die Durchführung von Fahrzeugmessungen existieren verschiedene Ansätze, bspw. können Kundenfahrzeuge mit Datenlogger ausgestattet werden, siehe Scheidler et al. [142], oder statistisch abgesicherte Messkampagnen durchgeführt werden. Die Nutzung von Kundenfahrzeugen ermöglicht die Aufnahme von Belastungsverläufen im Realbetrieb über einen längeren Zeitraum. Dies

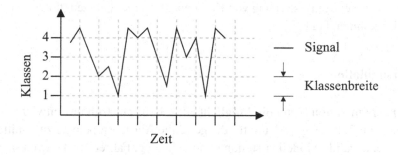

Abbildung 2.2: Darstellung eines Belastungsverlaufs; nach [94]

ist jedoch sehr aufwendig und die gewonnenen Ergebnisse sind auf den ausgewählten Kundenkreis beschränkt. Bei Messkampagnen werden speziell mit Messtechnik ausgestattete Fahrzeuge genutzt, um eine festgelegte Strecke, die das erwartete Kundenverhalten repräsentativ abdeckt, mit einer ausgewählten Probandengruppe abzufahren. Aufgrund der Verwendung weniger Fahrzeuge und definierter Strecken kann hierbei hochauflösende Messtechnik eingesetzt werden. Im Vergleich zur Nutzung der Kundenfahrzeuge ist der Aufwand bei Messkampagnen höher. Dies hat den Vorteil, dass sich detaillierte Erkenntnisse über die Belastungen der Komponenten ableiten lassen, da zusätzliche Messtechnik eingesetzt wird. Die Ergebnisse der Fahrzeugmessungen liegen nur für das betrachtete Fahrzeug vor und müssen durch nachträgliche Bearbeitung und Umrechnung auf andere Antriebstopologien angepasst werden. [46], [111], [143]

Flottendaten

Die Flottendaten, auch Betriebsdaten genannt, umfassen die während der Fahrzeugnutzung beim Kunden in aggregierter Form gespeicherten Belastungen. Darin enthalten sind die Lastkollektive der Beanspruchungsverläufe, Einschalthäufigkeiten, Fehlerzustände und Betriebszustände. Flottendaten haben den Vorteil, dass diese für die gesamte Fahrzeugflotte im Feld über die Nutzungsdauer der Fahrzeuge vorliegen. Darin berücksichtigt ist jede Antriebstopologie in einem Umfang, dass statistische Auswertungen durchgeführt und die Belastung sowie Belastungsstreuung von Komponenten einer Fahrzeugflotte ermittelt werden können. [111]

Fahrsimulation

Die Fahrsimulation bietet die Möglichkeit, schon sehr früh im Entwicklungsprozess die Belastungsverläufe für die gewählte Antriebstopologie zu ermitteln. Durch eine valide Modelldarstellung von Fahrzeug, Fahrer und Umwelt in entsprechenden Simulationskonzepten wird ein realitätsnahes Fahrverhalten simuliert und daraus werden kundennahe Belastungsverläufe abgeleitet. [111], [143]

2.2.2 Klassierung der Belastungsverläufe

Innerhalb der Flottendaten sind die Belastungen der Komponenten in aggregierter Form als Lastkollektive enthalten. Lastkollektive werden im Rahmen der Klassierung mit statistischen Zählverfahren aus den Belastungsverläufen berechnet. Berücksichtigt werden dabei die Amplitude der Belastung und deren Häufigkeit, wogegen der Frequenzinhalt der Belastungsverläufe, die Reihenfolge des Auftretens der Ereignisse und die Schwingungsform vernachlässigt werden. Dies führt zu einer Reduktion der in den Belastungsverläufen enthaltenen Informationen. Die Ergebnisdarstellung der Zählverfahren erfolgt entweder als Matrizen oder als zwei- und dreidimensionale Diagramme, den sogenannten Kollektiven. [16], [94]

Eine umfängliche Beschreibung der Zählverfahren ist in Köhler et al. [94] enthalten. Für die vorliegende Dissertation sind die relevanten Verfahren die Verweildauerzählung und die Rainflow-Zählung. Die Grundlage für die Anwendung der Zählverfahren ist die Einteilung des Messbereichs in Klassen, siehe Abbildung 2.2. Bei der Rainflow-Zählung müssen die Klassen dieselbe Breite aufweisen, während sie bei der Verweildauerzählung auch unterschiedliche Klassenbreiten besitzen können. Liegt ein Wert auf der Grenze zweier Klassen, dann wird dieser per Definition der darüber liegenden Klasse zugeordnet. [94]

Verweildauerzählung

Die Verweildauerzählung ist ein Verfahren, bei dem eine zeit-, drehzahl- oder winkelabhängige Abtastung von einem oder zwei Signalen durchführt wird, um daraus die Beanspruchung an der einzelnen Komponente ermitteln zu können. Abhängig von der Anzahl der Signale wird die Verweildauerzählung als einparametrisch oder zweiparametrisch bezeichnet. Die Verweildauer ist hierbei die Summe der Zeiten, in denen beim einparametrischen Verfahren ein Signal innerhalb der einzelnen Klassengrenzen verweilt oder beim zweiparametrischen Verfahren zwei Signale sich in einer der jeweiligen Klassenkombinationen befinden, siehe Abbildung 2.3. [94]

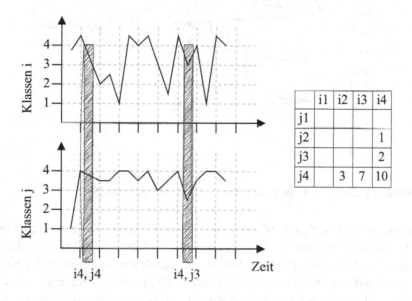

Abbildung 2.3: Darstellung der Verweildauerzählung; nach [94]

Findet eine zeitlich diskrete Abtastung des Signals statt, dann heißt das Verfahren Momentanwertzählung und das Ergebnis sind Häufigkeiten. Für sehr kleine Abtastintervalle entspricht das Zählergebnis praktisch dem der Verweildauerzählung, weswegen der Begriff der Verweildauerzählung fortan für beide Verfahren synonym verwendet wird. [94]

Rainflow-Zählung

Die Rainflow-Zählung ist ein Verfahren, das häufig zur Ermittlung von Schwing-
spielen eingesetzt wird, da es im Vergleich zu anderen Zählverfahren den Schä-
digungsinhalt eines Belastungsverlaufs am besten erfasst. Die Erfassung der
auftretenden Extrema erfolgt hierbei nicht sequentiell, sondern in Form von
geschlossenen und nicht geschlossenen Hysteresen. [94]

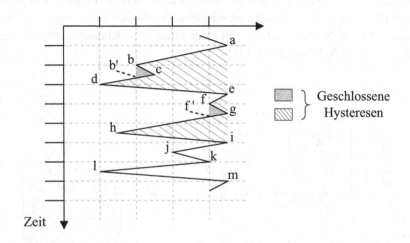

Abbildung 2.4: Darstellung der Rainflow-Zählung; nach [94]

Für die subjektive Beschreibung des Zählverfahrens wird die Zeitachse des
Belastungsverlaufs um 90° gedreht, siehe Abbildung 2.4. Entsprechend dem
Namen des Verfahrens fließt der Regen gedanklich über die Flanken des Belastungsverlaufs und tropft an den Extrema (a-m) auf die nächste Flanke (b auf
Gerade c-d oder f auf g-h). Halbzyklen werden dann gezählt, wenn ein Tropfen
abwärts bis zu einem anderen Extrema fließt (Schwingbreite a-b, b-c, bzw. f-g)
oder wenn es den Auftreffpunkt eines Tropfens der darüber liegenden Flanke
erreicht (c-b' oder g-f'). Aus Halbzyklen mit derselben Schwingbreite und der
gleichen Lage (Minimum, Maximum) werden die Vollzyklen gebildet, wobei
ein Vollzyklus einer geschlossenen Hysterese entspricht (schraffierte Flächen
a-d-e, b-c-b', f-g-f', e-h-i). Verbliebene Halbzyklen werden als nicht geschlos-
sene Hysteresen bezeichnet und im Residuum abgelegt. Abhängig von dem

untersuchten Belastungsverlauf muss das Residuum für die weiteren Analysen
berücksichtigt werden. [94]

2.2.3 Analyse von Lastkollektiven

Die im Kundenbetrieb aufgenommenen Flottendaten bestehen aus einer Vielzahl von unterschiedlichen Lastkollektiven. Die darin enthaltenen Informationen werden ausgewertet, um bspw. die Schädigung im Kundenbetrieb zu
ermitteln, das Nutzungsverhalten darzustellen oder Sonderereignisse (bspw.
Fehlerfälle) detaillierter zu untersuchen. Für die Auswertung von Lastkollektiven existieren zwei Verfahren, die statistische Analyse und das *Data-Mining*
durch Anwendung von ML-Methoden.

Statistische Analyse

Bei der statistischen Flottendatenanalyse werden die Höhe und Streuung der
Lastkollektive ermittelt sowie deren Kollektivform bewertet, mit dem Ziel, die
Betriebsbedingungen und Belastungen im Feld darzustellen. Das Vorgehen
folgt hierbei einem schrittweisen Prozess. Zu Beginn werden die zu analysieren-
den Flottendatensätze ausgewählt und anschließend normiert. Die Normierung
erfolgt zur Vergleichbarkeit der unterschiedlichen Flottendatensätze, bspw. auf
die Kilometerlaufleistung oder die Betriebszeit. Zur quantitativen Bewertung
der Streuung werden Summenhäufigkeit, Verteilungsarten und -parameter ermittelt, mit denen die Streuung abschließend visualisiert wird. Für Kennzahlen
und Kennfelder innerhalb der Flottendaten werden bspw. die Quantile als Vertei-
lungsparameter berechnet. Die Visualisierung der Kennzahlenparameter erfolgt
durch Boxplots sowie Verteilungs- und Dichtefunktionen, während bei Kennfeldern zusätzlich Histogramme zur Visualisierung der Streuung genutzt werden.
Die Quantisierung der Kollektive kann durch zwei Verfahren erfolgen: einerseits
durch die Beschreibung der Kollektivform mittels eines Formparameters und
andererseits durch die Berechnung einer realen oder fiktiven Schadenssumme,
die ein Lastkollektiv erzeugt. [75], [111]

Die separate Auswertung der Lastkollektive ist die große Einschränkung der statistischen Analyse. Die Anwendung reduziert sich dadurch auf die Ermittlung von Schädigungen aus individuellen Lastkollektiven sowie auf die Darstellung des Nutzungsverhaltens. Die detaillierte Analyse von Sonderereignissen wie Fehlerfällen ist jedoch nur aufwendig realisierbar, da hier Zusammenhänge zwischen den Lastkollektiven und Muster innerhalb der Flottendaten erkannt werden müssen. Um dies zu erreichen, wurde die statistische Analyse um ML-Methoden erweitert.

Prozesse des Data-Mining

Die Analyse der Flottendaten mit ML-Methoden ist Teil der datengetriebenen Entwicklung. Ziel ist, große Datenmengen hinsichtlich Auffälligkeiten, Mustern und Korrelationen zu durchsuchen. Das Vorgehen wird als *Data-Mining* bezeichnet und anhand der Prozesse Wissensentdeckung in Datenbanken (engl. *Knowledge Discovery in Databases*) (KDD), „Auswählen, Erkunden, Ändern, Modellieren, Bewerten" (engl. *Sample, Explore, Modify, Assess*) (SEMMA) oder dem industrieübergreifenden Standardprozess für *Data-Mining* (engl. *Cross Industry Standard Process for Data Mining*) (CRISP-DM) strukturiert. [8]

KDD ist ein fünfstufiger Prozess zur Entdeckung für die Aufgabenstellung relevanter Informationen aus einer Datensammlung. Vor dem Prozessstart müssen die Aufgabenstellung und die Zielsetzung definiert werden, es muss entschieden sein, wie die transformierten Daten und die durch *Data-Mining* gewonnen Muster genutzt werden. Im ersten Schritt des Prozesses erfolgt die Datenauswahl, entweder durch Selektion einer Teilmenge zur Verfügung stehender Daten oder der Zusammenführung der Daten aus mehreren Datenquellen. Der erstellte Zieldatensatz wird in der zweiten Stufe bereinigt und vorverarbeitet. Irrelevante, verrauschte und redundante Daten werden entfernt sowie fehlende Daten bereinigt, um konsistente Daten zu erhalten. In der dritten Stufe werden die Daten mithilfe von Methoden zur Dimensionsreduktion oder Transformation in eine für das *Data-Mining* erforderliche Form umgewandelt. Die Stufe *Data-Mining* umfasst den Einsatz von ML-Algorithmen, um aus den transformierten Daten die Muster zu suchen, welche für die Aufgabenstellung von Interesse sind. Im letzten Schritt des KDD-Prozesses werden die gefundenen Muster interpretiert und bewertet. Die Ergebnisse der Entdeckungen stehen nicht für sich allein, sondern dienen als Grundlage für weitere Entdeckungen oder werden an andere Systeme weitergegeben. In einer Rückführung können die Ergebnisse als Feedback an eine vorherige Stufe des KDD-Prozesses übertragen werden, bevor dieser anschließend erneut durchlaufen wird. [8], [52], [54]

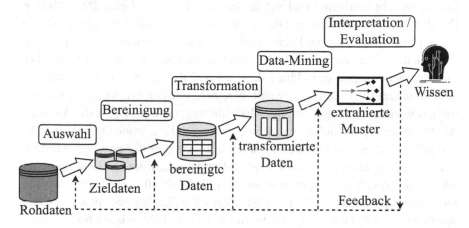

Abbildung 2.5: Darstellung des Data-Mining-Prozesses KDD; nach [52]

SEMMA beschreibt die Durchführung eines *Data-Mining*-Projektes anhand der Schritte Auswählen, Erkunden, Ändern, Modellieren und Bewerten. Im Schritt Auswählen werden die Daten selektiert, indem aus einem Datensatz diejenige Teilmenge ausgewählt wird, die einerseits ausreichende Informationen enthält und andererseits aufgrund der zur Verfügung stehenden Rechenleistung bearbeitet werden kann. Im zweiten Schritt erfolgt das Erkunden der Daten, es wird nach unerwarteten Trends und Anomalien gesucht sowie ein Verständnis der Daten erzeugt. Anschließend werden durch Erstellung, Auswahl und Umwandlung der Variablen die Daten geändert, um den folgenden Prozess der Modellauswahl zu fokussieren. Das erstellte Modell im Schritt Modellieren sucht automatisch nach einer Kombination von Daten, die ein gewünschtes Ergebnis zuverlässig vorhersagt. Im abschließenden Schritt des SEMMA-Prozesses werden die Daten durch Beurteilung der Nützlichkeit und der Zuverlässigkeit der Ergebnisse sowie der Einschätzung der Leistungsfähigkeit des *Data-Mining*-Vorgehens bewertet. [8], [139]

CRISP-DM ist ein Prozessmodell, das als Grundlage für *Data-Science*-Prozesse eingesetzt wird. Es beschreibt die sechs Phasen eines Projektes als einen Zyklus, dargestellt in Abbildung 2.6 sowie die darin enthaltenen Aufgaben und Beziehungen zwischen den Aufgaben. Die initiale Phase umfasst das Geschäftsverständnis, hierbei werden die Projektziele und -anforderungen aus der Geschäftssicht betrachtet und auf dieser Grundlage wird eine *Data-Mining*-Problemdefinition abgeleitet. Die zweite Phase, das Datenverständnis, startet mit der Datenerfassung und beinhaltet zudem die Identifizierung von Problemen mit der Datenqualität sowie das Beschreiben und Erkunden der Daten. Die Datenaufbereitung folgt in Phase drei, aus den Rohdaten wird ein Datensatz erstellt, indem die Daten ausgewählt, bereinigt, strukturiert, integriert und formatiert werden. In Phase vier, der Modellierung, erfolgt sowohl die Auswahl der Modellierungstechniken als auch deren Anwendung sowie Optimierung der Modellparameter. Anschließend werden in Phase fünf die erstellten Modelle anhand der erzielten Ergebnisse evaluiert und die Schritte zur Erstellung des Modells überprüft, um sicherzustellen, dass die Geschäftsziele erreicht werden. Die finale Phase sechs des CRISP-DM umfasst die Planung des Modelleinsatzes sowie dessen Überwachung und Wartung. Das erzielte Wissen muss zudem organisiert und präsentiert werden, damit der Kunde es nutzen kann. [8], [26]

Anwendungen des Data-Mining zur Flottendatenauswertung

Der Stand der Technik hinsichtlich des *Data-Mining* von Flottendaten, auf dem die vorliegende Dissertation aufbaut, wird anhand von aktuellen Anwendungen vorgestellt. Das Vorgehen und die verwendeten Algorithmen sind dabei von der vorliegenden Analyseaufgabe abhängig.

Prytz et al. stellen in [130] eine Methode vor, um Fehler des Kompressorsystems und Turboladers eines Lastkraftwagens vorherzusagen. Dazu werden Flottendaten mit Werkstattdaten kombiniert und durch Experten die relevanten Merkmale für die Modellerstellung definiert. Anschließend werden die Klassifikationsalgorithmen k-nächste-Nachbarn (engl. *k-Nearest-Neighbor*) (kNN), C5.0 und Zufallswald (engl. *Random-Forest*) (RF) trainiert und verglichen. Als Anwendung für die Methode wird die proaktive Wartung genannt. In [129] wird die Weiterentwicklung der Methode vorgestellt, wobei zur Datenaufbereitung die

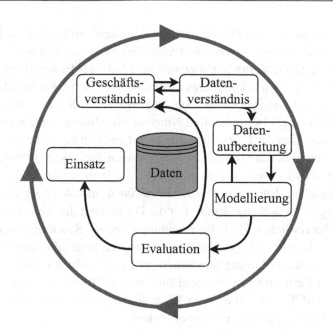

Abbildung 2.6: Darstellung des Data-Mining-Prozesses CRISP-DM; nach [26]

Merkmalsauswahl sowie der Algorithmus *Synthetic-Minority-Oversampling-Technique* (SMOTE) angewandt werden und ein RF-Modell zur Vorhersage zukünftiger Fehler trainiert wird.

Frisk et al. [56] verwenden Flottendaten eines Lastkraftwagens zur Lebensdauerprognose der 12V-Batterie. Dazu werden die Flottendaten um zusätzliche statistische Werte ergänzt, die aus den Lastkollektiven berechnet werden. Anschließend findet eine Merkmalsauswahl auf Basis der Variablenwichtigkeit statt, um die relevanten Merkmale für die Prognose zu ermitteln. Diese wird mit dem *Random-Survival-Forest*-Algorithmus durchgeführt und für die proaktive Wartung verwendet.

Eine umfangreiche Darstellung des Einsatzes von ML zur Flottendatenanalyse ist in Bergmeir [14] gegeben. Darin werden Lastkollektive sowie Werkstattdaten von Hybridfahrzeugen verwendet und diese mit künstlichen Fehlern kombiniert.

Die Arbeit gliedert sich in drei Hauptteile. Im ersten Teil werden die Klassifikationsalgorithmen *Support-Vector-Machine* (SVM), Entscheidungsbaum und RF untersucht, um fehlerhafte Fahrzeuge innerhalb der Flotte zu detektieren. Zur Verbesserung der Modellgüte werden zusätzlich Methoden zur Merkmalsauswahl vorgestellt und angewandt. Im zweiten Teil werden die verschiedenen Arten der Fahrzeugbelastungen und Nutzung visualisiert. Dazu muss zuerst eine Datenreduktion der Lastkollektivdaten auf zwei Dimensionen stattfinden. Für die Datenreduktion werden die Algorithmen Hauptkomponentenanalyse (engl. *Principal-Component-Analysis*) (PCA), *Sammon-Mapping*, *Locally-Linear-Embedding*, *Isomap* und *t-distributed-Stochastic-Neighbor-Embedding* (t-SNE) vorgestellt und angewandt. Für die Darstellung der fehlerhaften Fahrzeuge und der restlichen Flotte im zweidimensionalen Raum zeigt der t-SNE-Algorithmus die besten Ergebnisse. Im dritten Teil findet die Identifizierung von Nutzungs- und Belastungsmustern in der Fahrzeugflotte statt. Hierzu werden die Regel-Lernverfahren *Repeated-Incremental-Pruning-to-Produce-Error-Reduction* (RIPPER), C5.0 und ein RF-basiertes Verfahren genutzt, um die relevanten Belastungskollektive zu bestimmen.

Dobry et al. [40] verwenden Flotten- und Werkstattdaten, um Modelle zur Vorhersage fehlerhafter Fahrzeuge zu trainieren. Dazu wenden sie einen zweistufigen Prozess der Datenanalyse an. In der ersten Stufe werden die Flottendaten mit dem *Evidence-Accumulation-Clustering*-Algorithmus in drei Cluster eingeteilt. Für diese wird in der zweiten Stufe mit den Algorithmen SVM, C5.0 und neuronales Netz jeweils ein Klassifikationsmodell zur Vorhersage der fehlerhaften Fahrzeuge erstellt. Im Vergleich zum gesamten Datensatz wurde durch das Clustern der Flottendaten die Modellgüte aller Algorithmen gesteigert.

Khoshkangini et al. [96] nutzen Flotten- und Werkstattdaten von Lastkraftwagen zum Vergleich von zwei ML-Ansätzen zur Vorhersage von Ausfallraten innerhalb der Fahrzeugflotte. Beim ersten Ansatz wird ein Autoregressionsmodell verwendet, um die Ausfallrate für die Fahrzeugflotte auf Grundlage der Werkstattdaten vorherzusagen. Der zweite Ansatz kombiniert Werkstatt- und Flottendaten zu einer Sequenz pro Fahrzeug. Diese wird verwendet, um durch Gradienten-Boosting zu klassifizieren, ob ein bestimmtes Fahrzeug in einem bestimmten Monat einen Ausfall haben wird. Die fahrzeugindividuellen

Klassifizierungen werden anschließend aggregiert, um die Ausfallrate für die gesamte Flotte zu erhalten.

Dahl et al. [35] analysieren die Flottendaten von Lastkraftwagen, um zu bewerten, ob das Nutzungsverhalten mit den Konfigurationsparametern der Fahrzeuge übereinstimmt. Die Konfigurationsparameter sind bspw. Transportzyklen, Straßenverhältnisse, Topographie und Umgebungstemperatur. Dazu werden die Daten mit dem *Gaussian Mixture Model*-Algorithmus in Cluster aufgeteilt und für diese Cluster durch die Anwendung von Regel-Lernverfahren die charakteristischen Merkmale identifiziert. Diese werden anschließend auf die Übereinstimmung mit den Konfigurationsparametern untersucht.

In [95] untersuchen Khoshkangini et al. die Flottendaten von Lastkraftwagen, um die Fahrzeugnutzungsmuster im Laufe der Zeit zu extrahieren. Am Anfang findet eine Segmentierung der Daten nach Jahreszeiten statt. Anschließend werden die Algorithmen *K-Means* und *Agglomerative-Clustering* innerhalb einer *Ensemble-Clustering*-Umgebung angewandt, um die Daten in drei Cluster aufzuteilen. Für die Evaluation und Analyse der gefundenen Cluster werden die Merkmale Kraftstoffverbrauch, Fehlerfall, Geschwindigkeit und Beschleunigung definiert. Anhand dieser wird eine Beurteilung der Fahrzeugnutzung in die Klassen gut, moderat und schlecht durchgeführt. Das Ergebnis zeigt den Einfluss der Jahreszeit auf das Nutzungsverhalten, indem dieses im Laufe der Jahreszeiten zwischen den Klassen wechselt.

2.3 Ermittlung repräsentativer Prüfzyklen

Ein Prüfzyklus, auch Fahrzyklus genannt, ist charakterisiert durch einen Geschwindigkeits-Zeit-Verlauf und ein optionales Profil der Fahrbahnsteigung. Er bildet die Grundlage der Prüfprogramme, indem die Vorgabewerte für den Prüfstand aus diesem abgeleitet werden. Zyklen lassen sich untergliedern in reale und synthetische, wobei für reale Zyklen Einzelmessfahrten aufbereitet und abgespielt werden. Dies dient dem Nachstellen spezieller Ereignisse einer Messung in der Simulation oder auf dem Prüfstand, stellt aber kein repräsentatives Verhalten dar. Im Rahmen der Fahrzeugentwicklung finden überwiegend synthetische Zyklen Anwendung, die das reale Fahrverhalten in komprimierter Form abbilden. Diese werden für vielfältige Analysen eingesetzt, bspw. bezüglich der Belastung, des Verbrauchs und der Emissionen, um reproduzierbare Ergebnisse zu erhalten. Die synthetischen Prüfzyklen lassen sich weiterhin in modale und transiente Zyklen unterteilen. Die modalen Zyklen setzen sich aus wechselnden Phasen konstanter Geschwindigkeit, konstanter Beschleunigung sowie Standphasen zusammen und werden vorzugsweise für vergleichende Analysen von Antriebssträngen und Fahrzeugen unter eindeutig definierten Lastszenarien verwendet. Ein Beispiel der modalen Zyklen ist der Neue Europäische Fahrzyklus (NEFZ). Aufgrund der fehlenden Dynamik eignen sich die modalen Zyklen nur bedingt für die repräsentative Abbildung des Realbetriebs. Geeigneter dafür sind die transienten Zyklen, die aus einem breiten Spektrum an Geschwindigkeitsvariationen bestehen und wenig Konstantanteile beinhalten. Ein Beispiel der transienten Zyklen ist der *Worldwide-harmonized-Light-vehicles-Test-Cycle* (WLTC). [38], [152]

Zur Erstellung synthetischer, transienter Zyklen existieren verschiedene Syntheseverfahren, Kapitel 2.3.1, auf den aufbauend Methoden zur Generierung von repräsentativen Prüfzyklen entwickelt wurden, Kapitel 2.3.2. Für eine detaillierte Übersicht zu bestehenden Prüfzyklen sei auf Giakoumis [63] verwiesen.

2.3.1 Syntheseverfahren zur Zyklenerstellung

Die Syntheseverfahren zur Zyklenerstellung können in unterschiedliche Kategorien eingeteilt werden. Dai et al. [36] unterscheiden die Zyklusgenerierung nach den vier Kategorien Mikrotrip-basiert, Segment-basiert, Musterklassifizierung und Modal. Eßer et al. [48] verwenden dagegen, basierend auf den mathematischen Ansätzen der Verfahren, die drei Kategorien Segmentierungsverfahren, Markov-Ketten-Verfahren und hybride Ansätze. Für die Vorstellung der Syntheseverfahren wird die Kategorisierung nach Eßer et al. angewandt, wobei innerhalb der Segmentierungsverfahren in Anlehnung an Dai et al. nach Mikrozyklen, kinematischen Sequenzen und Fahrsituationen untergliedert wird.

Die meisten veröffentlichten Verfahren zur Synthese von transienten Fahrzyklen basieren auf umfangreichen Messdaten. Diese müssen das abzubildende Verhalten der späteren Zyklen enthalten, indem die Messdaten von Fahrzeugen

mit gleichen oder zumindest ähnlichen Fahrzeugkennwerten und Antriebstopologien stammen und durch eine repräsentative Gruppe von Nutzern erzeugt
wurden. Die Messdaten werden nach der Aufnahme zunächst aufbereitet, um
zu vermeiden, dass Messfehler in die späteren Zyklen einfließen. Dietrich et
al. [38] haben dagegen ein auf Markov-Ketten basierendes Verfahren entwickelt, das keine Messdaten benötigt, da es in einem iterativen Prozess mit
einer Simulationsumgebung gekoppelt ist. Das Verfahren wird im Abschnitt der
Markov-Ketten-Verfahren genauer beschrieben.

Segmentierungsverfahren

Das grundsätzliche Vorgehen aller Segmentierungsverfahren ist die Aufteilung
der Messfahrten in einzelne Segmente und die anschließende Synthese der
Segmente zu einem Zyklus, dargestellt in Abbildung 2.7. Für die Aufteilung
der Messfahrten existieren drei grundlegende Verfahren: die Segmentierung
in Mikrozyklen [93], in kinematische Sequenzen [5] und nach Fahrsituationen
[25].

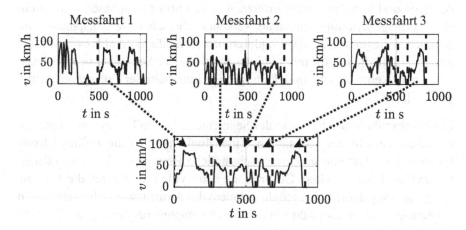

Abbildung 2.7: Darstellung des Segmentierungsverfahrens zur Zyklenerstellung

Ein Mikrozyklus ist definiert als ein Geschwindigkeitsverlauf zwischen zwei Stillstandsphasen, der daraus synthetisierte Prüfzyklus ist somit eine partitionsweise Eins-zu-eins-Umsetzung der Realfahrten [93]. Dieses Vorgehen hat einige Einschränkungen, bspw. ist eine Einteilung der Mikrozyklen nach Straßentypen und Verkehrsdichte schwierig, da ein Mikrozyklus mehrere Kategorien enthalten kann [4]. Weiterhin sind zeitlich lange Mikrozyklen kritisch zu betrachten, da diese für die komprimierte Darstellung im Prüfzyklus nicht verwendet werden können. Dies betrifft insbesondere die Autobahnfahrt, bei der oftmals lange Fahrzeiten ohne Stillstandsphasen vorkommen [4].

Die Segmentierung in kinematische Sequenzen, auch Musterklassifizierung genannt, nach André et al. [5] ist eine Weiterentwicklung der Mikrozyklen. Eine kinematische Sequenz entspricht einem Mikrozyklus, der um zusätzliche Kennwerte (bspw. Zyklendauer und -länge) sowie statistische Werte der Geschwindigkeit und Beschleunigung ergänzt wurde. Mittels einer Clusteranalyse dieser Werte werden die Sequenzen in Klassen unterschiedlicher Straßentypen eingeteilt, auf deren Grundlage die Zyklen generiert werden [4].

Die Segmentierung nach Carlson & Austin [25] in Fahrsituationen (bspw. Straßentypen und Verkehrsdichte) zusätzlich zu den Stillstandsphasen, ermöglicht eine Zyklusgenerierung anhand der verkehrstechnischen Gesichtspunkte. Die ermittelten Segmente besitzen dadurch unterschiedliche Anfangs- und Endgeschwindigkeiten. Dies muss bei der Synthese der Segmente beachtet werden, damit keine Geschwindigkeitssprünge innerhalb der Prüfzyklen auftreten. [36], [48]

Für die abschließende Synthese der Segmente zu einem Prüfzyklus existieren wiederum verschiedene Verfahren. Eine Möglichkeit ist die zufällige Kombination der Segmente und eine nachträgliche Bewertung des entstandenen Prüfzyklus. Eine gezieltere Generierung von Zyklen wird durch die Verwendung von Suchalgorithmen möglich, indem die Auftrittswahrscheinlichkeiten der Kenngrößen Geschwindigkeit und Beschleunigung bei der Segmentauswahl berücksichtigt werden. [36], [48]

Markov-Ketten-Verfahren

Die Markov-Kette ist ein stochastischer Prozess, mit dem Wahrscheinlichkeiten für das Eintreten zukünftiger Ereignisse angegeben werden, indem der Zustand des nächsten Zeitschrittes S_{t+1} nur vom aktuellen Zustand S_t abhängig ist und nicht von der Vergangenheit $S_0 \ldots S_{t-1}$ (Gedächtnislosigkeit). Markov-Ketten unterteilen sich in die zeitdiskreten und zeitstetigen Markov-Ketten, wobei für die Synthese von Zyklen die zeitdiskreten Markov-Ketten Anwendung finden. [10]

Die Markov-Eigenschaft (Gedächtnislosigkeit) ist für eine zeitdiskrete Markov-Kette $\{S_t; t \geq 0\}$ mit dem diskreten Zustandsraum $S = \{0, 1, \ldots, N_S\}$ für alle $s, s' \in S$ nach Gl. 2.1 definiert. Die Übergangswahrscheinlichkeit $p_{s|s'}$ beschreibt die bedingte Wahrscheinlichkeit, dass, wenn der stochastische Prozess zum Zeitpunkt t im Zustand s ist, dieser sich zum Zeitpunkt $t + 1$ im Zustand s' befindet. Die Übergangswahrscheinlichkeiten für alle Zustände des Raums S sind nach Gl. 2.2 in der Übergangswahrscheinlichkeitsmatrix (engl. *Transition-Probability-Matrix*) (TPM) $\mathcal{P}$ eingetragen. [10]

$$\mathcal{P}(S_{t+1} = s' \mid ((S_0 = s_0) \cap \cdots \cap (S_t = s))) = \mathcal{P}(S_{t+1} = s' \mid S_t = s) = p_{s|s'}$$
$$\text{Gl. 2.1}$$

$$\mathcal{P} = \begin{bmatrix} p_{0|0} & \cdots & p_{0|r} \\ \vdots & p_{s|s'} & \vdots \\ p_{r|0} & \cdots & p_{r|r} \end{bmatrix} \qquad \text{Gl. 2.2}$$

Weitere wichtige Eigenschaften der Markov-Kette für die Synthese von Prüfzyklen sind die Stationarität (Zeithomogenität) und die absorbierenden, rekurrenten und transienten Zustände. Besitzt eine Markov-Kette Stationarität, dann sind die Übergangswahrscheinlichkeiten zwischen den Zuständen unabhängig vom Zeitschritt t und die Markov-Kette wird als homogen bezeichnet. Dagegen ist eine Markov-Kette inhomogen, wenn eine Abhängigkeit vorliegt, bspw. indem die Übergangswahrscheinlichkeiten während der Zyklussynthese angepasst werden. Ein Zustand heißt absorbierend, wenn dessen Übergangswahrscheinlichkeit $p_{s|s'} = 1$ ist und rekurrent, wenn die Wahrscheinlichkeit 1 ist, dass der in Zustand *s* startende stochastische Prozess wieder nach Zustand *s* zurückkehrt. Ein Zustand kann absorbierend und rekurrent gleichzeitig sein. Absorbierende Zustände sind kritisch zu betrachten, da diese nicht mehr verlassen werden können. Ist die Wahrscheinlichkeit kleiner 1, dass wieder zu einem Zustand zurückgekehrt wird, dann heißt dieser transient. [10]

In der Anwendung der Markov-Ketten für die Synthese von Prüfzyklen nach Gong et al. [64] wird zuerst die TPM definiert. Als Zustandsgrößen können die Geschwindigkeit und Beschleunigung sowie die Fahrbahnsteigung gewählt werden [149]. Für jede Zustandsgröße wird ein individueller Wertebereich festgelegt und durch Diskretisierung eine endliche Zahl an Zuständen gebildet. Die Berechnung der Übergangswahrscheinlichkeiten der TPM zwischen den Zuständen erfolgt anhand von Messdaten, die den Realbetrieb abbilden. Mit der parametrierten TPM ist es anschließend möglich, beliebig viele und lange Prüfzyklen zu generieren. In einem iterativen Verfahren wird stets ausgehend vom aktuellen Zustand in einer Zufallswahl, unter Berücksichtigung der TPM, ein Folgezustand gewählt. Dieser Vorgang wird wiederholt, bis die Zyklenlänge ein vordefiniertes Kriterium erreicht. [64]

Das Vorgehen des Markov-Ketten-Verfahrens ist in Abbildung 2.8 dargestellt. Die TPM, bestehend aus vier Geschwindigkeitszuständen, ist hierbei durch einen Graphen abgebildet. An den Verbindungen der Zustände sind die Übergangswahrscheinlichkeiten aufgeführt. Der Zyklus startet im Zustand $v = 0\,km/h$ und geht unter Berücksichtigung der Übergangswahrscheinlichkeiten in den mit 0,4 wahrscheinlichsten Folgezustand $v = 30\,km/h$ über. Dieser Vorgang wird iterativ wiederholt, bis der Zyklus nach fünf Zeitschritten den Zustand $v = 50\,km/h$ erreicht.

Zur Parametrierung der TPM wird analog den Segmentierungsverfahren eine große Anzahl an Fahrzeugmessdaten benötigt, die das relevante Fahrzeugverhalten abbilden. Diese Messdaten sind jedoch nicht immer verfügbar, insbesondere in der frühen Entwicklungsphase neuer Antriebstopologien liegen diese Daten nicht vor. Ein Verfahren zur Berechnung der Übergangswahrscheinlichkeiten ohne Messdaten wird von Dietrich et al. [38] vorgestellt. Der entwickelte iterative Prozess basiert auf dem Ansatz des bestärkenden Lernens. Die TPM wird zu Beginn mit gleichmäßigen, hohen Werten initialisiert. Daraufhin wird ein Zyklus generiert und innerhalb einer Simulationsumgebung getestet. Auf der

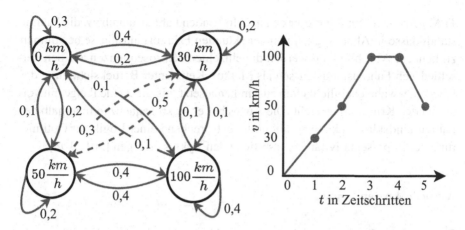

Abbildung 2.8: Darstellung des Markov-Ketten-Verfahrens zur Zyklenerstellung

Grundlage der Simulationsergebnisse und weiterer benutzerdefinierter Kriterien wird der Zyklus bewertet und die Übergangswahrscheinlichkeiten innerhalb der TPM werden angepasst. Für diese Anpassung wird der Q-Lernen-Algorithmus aus dem Bereich des bestärkenden Lernens genutzt. Die Grundlagen zum bestärkenden Lernen und dem Q-Lernen-Algorithmus sind in Kapitel 3.2.4 aufgeführt. Das Ergebnis der Methode nach Dietrich et al. [38] sind synthetische aber realistische Prüfzyklen, die der untersuchten Antriebstopologie sowie benutzerdefinierten Kriterien entsprechen.

Hybride Verfahren

Das Hybride Verfahren nach Lin & Niemeier [108] kombiniert die Segmentierung und die Markov-Ketten zur Generierung der Zyklen. Aus den Messdaten werden Mikrosequenzen der Fahrzustände Konstantfahrt, Stillstand, Beschleunigen und Bremsen gebildet, die anschließend nach den jeweiligen Geschwindigkeits- und Beschleunigungscharakteristiken in Klassen eingeteilt werden. Eine Fahrzustandsklasse, die durch Geschwindigkeit und Beschleunigung gekennzeichnet ist, enthält anschließend hunderte bis tausende von Mikrosequenzen unterschiedlicher Zyklendauer. Im nächsten Schritt wird die

TPM berechnet, um mit dieser den nachfolgenden Fahrzustand bzw. die Fahrzustandsklasse in Abhängigkeit von der aktuellen Fahrzustandsklasse bestimmen
zu können. Abschließend werden die einzelnen Mikrosequenzen aus den verschiedenen Fahrzustandsklassen als Markov-Kette unter Berücksichtigung der
Übergangswahrscheinlichkeiten zusammengesetzt, bis die Zyklenlänge ein vordefiniertes Kriterium erreicht. Die Auswahl der Mikrosequenzen innerhalb der
Fahrzustandsklassen kann zufällig oder entsprechend einer Logik zur Optimierung der Repräsentativität des resultierenden Zyklus erfolgen [36]. [108]

Aktuelle Anwendungen

Der Stand der Technik hinsichtlich der Zyklenerstellung, an den die vorliegende
Dissertation anknüpft, wird an einer Auswahl an aktuellen Anwendungen vorgestellt. Für Übersichten zu vorangegangenen veröffentlichten Anwendungen
sei auf André [3], Eßer [47] und Giakoumis [63] verwiesen.

Eßer et al. [48], [47] kombinieren die Verfahren der Markov-Ketten und Segmentierung zur Generierung von Zyklen in einer neuen Weise. Im ersten Schritt
wird durch Markov-Ketten eine Vielzahl an einzelnen Segmenten generiert.
Hierbei verwenden Eßer et al. inhomogene Markov-Ketten, bei denen die
Wahrscheinlichkeit bereits gewählter Zustandsübergänge entsprechend der erwarteten Häufigkeit dieser Zustandsübergänge reduziert wird. Anschließend
werden aus den Segmenten mit einem Syntheseverfahren aus dem Bereich der
Segmentierungsverfahren die Zyklen zusammengesetzt.

Zähringer et al. [164] stellen eine auf dem hybriden Ansatz basierende Methode
zur parametrierbaren Zyklenerstellung vor. Dabei werden die vier Fahrzustände
Konstantfahrt, Stillstand, Beschleunigung und Bremsen in zwölf Zustands-
klassen aufgeteilt, welche die TPM bilden. Durch eine Analyse der Messdaten
werden für jeden der zwölf Zustände die relevanten Charakteristika beschrieben,
mit denen aus dem Zustand ein Segment berechnet werden kann. Dies sind bspw.
die Dauer eines Zustandes und die auftretende Beschleunigung. Die Werte der
Charakteristika werden wiederum aus den Messdaten bestimmt oder anhand
einer Vorgabe parametriert. Zur Generierung eines Zyklus wird mittels des
Markov-Ketten-Verfahrens ein Ablauf an Zuständen erstellt und jeder Zustand
mit dem Parametersatz der Charakteristika in einen Geschwindigkeits-Zeit-

Verlauf umgerechnet. Der Vorteil der Methode ist, dass für die Berechnung der TPM und der Ermittlung der relevanten Zustandscharakteristika ein globaler Datensatz von verschiedenen Fahrzeugen verwendet werden kann. Anschließend kann durch die Parametrierung der Charakteristika ein fahrzeugspezifischer Prüfzyklus generiert werden. Das Verfahren nach Zähringer et al. ist somit dafür geeignet, repräsentatives Nutzungsverhalten auf neue Antriebstopologien zu übertragen, jedoch nicht, um spezifisches Nutzungsverhalten hinsichtlich Fehlerbedingungen darzustellen.

Tewiele [152] verwendet das Markov-Ketten-Verfahren zur Generierung von Zyklen. Als Zustände werden die Geschwindigkeit und ein Fahrmodus gewählt, wobei der Fahrmodus aus den drei Zuständen Konstantfahrt, Beschleunigung und Bremsen besteht. Die Markov-Kette ist homogen und die TPM wird auf absorbierende Zustände untersucht. Liegen diese vor, werden die Zustände aus dem Zustandsraum S und der TPM entfernt.

Mouzouras [118] entwickelt Zyklen zur Bestimmung der realen Emissionswerte, indem er das Markov-Ketten-Verfahren anwendet und drei TPM für die Straßentypen Stadt, Land und Autobahn aus Messdaten berechnet. Die Zustandsgrößen der TPM sind Geschwindigkeit und Beschleunigung. Zusätzlich berücksichtigt Mouzouras das Verhalten des Fahrers (Aggressivitäts-Metrik), indem die TPM mit einem Proportional-Integral-Differential-Regler (PID-Regler) gekoppelt wird. Dadurch werden die Übergangswahrscheinlichkeiten abhängig von der Differenz zwischen Soll- und Istwert der Aggressivitäts-Metrik angepasst. Ist die Aggressivität bspw. niedriger als der Sollwert, werden Übergangswahrscheinlichkeiten mit höheren Beschleunigungen gefördert.

2.3.2 Methoden zur Erstellung repräsentativer Prüfzyklen

Um die Vorgabewerte für die Erprobung individuell auf die vorliegende Entwicklungsaufgabe anzupassen, werden bedarfsgerechte, repräsentative Prüfzyklen benötigt. Zur Erstellung dieser erfolgt die Vorstellung von vier Methoden, die auf den eingeführten Syntheseverfahren basieren.

3F-Methode

Die 3F-Methode nach Kücükay [90] beruht auf dem Konzept der drei Einflussparameter Fahrer, Fahrzeug und Fahrumgebung, mit denen die Einsatzbedingungen im Kundenbetrieb praxisnah dargestellt und daraus Belastungen abgeleitet werden. Die Einflussparameter sind bei der 3F-Methode in feste Klassen eingeteilt, die einen dreidimensionalen Parameterraum aufspannen und durch Parameterkonfigurationen die Kundentypen abbilden. In einer Simulationsumgebung werden ein Fahrermodell und ein Fahrumgebungsmodell aus den Häufigkeitsverteilungen gebildet, die im Voraus durch Messfahrten für verschiedene Strecken- und Fahrertypen generiert wurden. Die relevanten Komponenten für die vorliegende Untersuchung sind im Fahrzeugmodell eingebunden. Für alle Kundentypen wird ein Simulationslauf durchgeführt und dabei die jeweilige Schädigung berechnet. In einer abschließenden Analyse wird der am meisten schädigende Kunde ermittelt und dessen Ergebnisse als repräsentativ zur Erstellung des Prüfzyklus verwendet. [91]

Die 3F-Methode eignet sich zur Analyse von Fahrzeugtopologien und -komponenten hinsichtlich des Kundenbetriebs und ermöglicht die Ableitung von repräsentativen Belastungen für die Erprobung. Zusätzlich können Aussagen zum Energieverbrauch und den auftretenden Betriebspunkten der Komponenten im Kundenbetrieb getroffen werden. [91]

Statistische Methode

Die von Dressler et al. [41] entwickelte Methode zur Ableitung repräsentativer Belastungen basiert auf der Differenzierung zwischen den Betriebszuständen und deren Verteilung im Kundenbetrieb. Dies wird durch die Verwendung von zwei Modellen erreicht. Im Faktormodell sind die Einsatzmöglichkeiten und Belastungen des zu untersuchenden Fahrzeugs als Einflussfaktoren abgebildet. Die Lastfälle der Einflussfaktoren werden aus Messfahrten abgeleitet, die mit dem zu untersuchenden Fahrzeugtyp durchzuführen sind. Das Nutzungsmodell enthält die auftretenden Verteilungen der Einsatzarten im Kundenbetrieb sowie deren Streuung. Die Informationen zu den Einsatzverteilungen können aus Flottendatenanalysen, Kundenbefragungen oder Literaturquellen gewonnen werden. Anschließend wird eine Monte-Carlo-Simulation durchgeführt, um auf Basis des Nutzungs- und Faktormodells eine beliebig große Anzahl fiktiver Nutzer (5000 - 10 000) zu erzeugen. Jeder Nutzer besteht dabei aus einer spezifischen Zusammenstellung der Einsatzfaktoren, die zu einer individuellen Schädigung führen. Über die Betrachtung der Schädigungen aller fiktiven Nutzer wird eine Verteilung der Gesamtschädigung der Flotte abgebildet. Abhängig vom Entwicklungsziel wird über die Betrachtung der Quantilswerte (bspw. 95 %, 99 %) der repräsentative Nutzer bestimmt und dessen Kombination der Betriebszustände zur Erstellung des Prüfzyklus verwendet. [41]

Wie bei der 3F-Methode ist das primäre Ziel der statistischen Methode die Abbildung von Schädigungen im Kundenbetrieb. Da die Nutzer auf Grundlage des Faktormodells gebildet werden, ist es im Unterschied zur 3F-Methode nicht notwendig, jeden Nutzer zu simulieren, wodurch eine größere Anzahl fiktiver Nutzer verwendet werden kann. Zum Erstellen des Faktormodells muss dafür eine umfangreiche Messkampagne mit dem Fahrzeugtyp durchgeführt werden, um alle Belastungen abbilden zu können. Dies schränkt die Übertragbarkeit der Ergebnisse auf andere Fahrzeugtypen ein. [41]

VOCA-Methode

Friedmann et al. stellen in [55] die Methodik *Vehicles-Operating-Conditions-Analysis* (VOCA) zur Ableitung kundenrepräsentativer Prüfprofile aus Realfahrten vor. Die Grundlage dafür bildet die 3F-Methode mit dem dreidimensionalen Parameterraum, der hierfür weiterentwickelt wurde. Die Parametrierung erfolgt anhand von Messungen, die mit Erprobungs- und kundennahen Fahrzeugen generiert und anschließend mittels einer Schädigungsbetrachtung bewertet werden. Als Neuheit wird bei der VOCA-Methode ein Werkzeug zur Generierung von synthetischen Fahrzyklen, basierend auf realen Fahrdaten, verwendet. Zum Erstellen von reproduzierbaren Prüfzyklen findet zuerst eine Einteilung der Fahrdaten nach den Parameterkonfigurationen statt. Anschließend werden die Fahrdaten zu einem Rechteckprofil synthetisiert, die Geschwindigkeitssprünge anhand der Anfangs- und Zielgeschwindigkeit klassiert und in eine Häufigkeitsmatrix eingeteilt. Durch die zufällige Wahl der Kombination aus Anfangs- und Zielgeschwindigkeit aus der Häufigkeitsmatrix mittels „Ziehen ohne Zurücklegen", wird der Zyklus erstellt. Der generierte synthetische Prüfzyklus basiert dabei auf den Ergebnissen der Schädigungsbetrachtung und stellt für ein oder mehrere betrachtete Komponenten die größte Belastung im Realbetrieb dar. [55]

Most-Relevant Testszenario

Aufgrund der Einführung der *Real-Driving-Emission* (RDE) Homologation ist es notwendig früh im Entwicklungsprozess die realen Emissionen von Fahrzeugen zu beurteilen. Um dies durchführen zu können, wurde eine Methode zur Generierung des Most-Relevant Testszenarios von Schmidt et al. [145] entwickelt. Der simulationsbasierte Prozess wurde im Hinblick auf die Emissionszertifizierung entworfen, bietet aber in seiner Struktur die Möglichkeit zur Erweiterung hinsichtlich anderer Entwicklungsschwerpunkte und wird diesbezüglich hier allgemeingültig vorgestellt. Ein Hauptelement des Prozesses ist eine Manöverdatenbank, in der die kritischen Systemzustände bzgl. des Entwicklungsziels sowie deren Ursache, Intensität, Auftretenswahrscheinlichkeit und die dazugehörigen Fahrmanöver abgespeichert sind. Aus dieser Manöverdatenbank werden bekannte, kritische Manöver ausgewählt, zu einem Messszenario zusammengesetzt und zur Überprüfung der Ausführbarkeit simuliert. Da die gewählten Messszenarien nur in der Theorie aus Vorwissen kritisch sind, wird dies mit Prüfstandsmessungen für die aktuelle Komponente verifiziert. Die Ergebnisse aus den Messungen werden bewertet und abschließend das Most-Relevant Testszenario bestimmt, welches alle durch die Messung bestätigten und in der Realität vorkommenden kritischen Fahrmanöver enthält. [145]

2.4 Der elektrische Antriebsstrang

Das BEV ist charakterisiert durch einen elektrischen Antriebsstrang, bei dem die Energie für die Fahraufgabe sowie zur Nebenverbraucherversorgung in einer HV-Batterie gespeichert und die Antriebskraft durch eine elektrische Maschine (EM) erzeugt wird. Zur Steuerung des Energieflusses zwischen HV-Batterie und EM sowie zur Regelung von Drehmoment und Drehzahl der EM wird ein Wechselrichter (WR) eingesetzt. Das erzeugte Drehmoment der EM wird direkt für die Fahraufgabe genutzt oder nach Anpassung durch ein Getriebe. Beim Einsatz eines Getriebes ist aufgrund der EM-Charakteristik eine geringe Gangzahl ausreichend und das Getriebe wird als Untersetzung ausgeführt.

Vorderachse / Hinterachse	Zentral-antrieb	Einzelrad-antrieb	Radnaben-antrieb	ohne Kopplung	Achs-differential
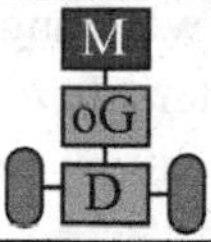	Allrad-antrieb	Allrad-antrieb	Allrad-antrieb	Hinterrad-antrieb	Getriebe notwendig
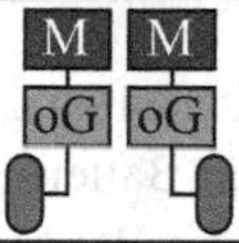	Allrad-antrieb	Allrad-antrieb	Allrad-antrieb	Hinterrad-antrieb	nicht kombinier-bar
	Allrad-antrieb	Allrad-antrieb	Allrad-antrieb	Hinterrad-antrieb	nicht kombinier-bar
	Vorderrad-antrieb	Vorderrad-antrieb	Vorderrad-antrieb	kein Antrieb	kein Antrieb
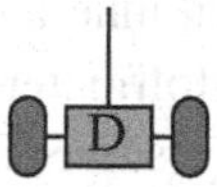	Getriebe notwendig	nicht kombinier-bar	nicht kombinier-bar	kein Antrieb	kein Antrieb

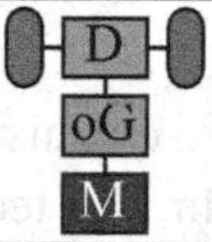

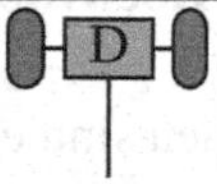

M elektrische Maschine   oG optionales Getriebe   D Differential

Abbildung 2.9: Darstellung möglicher Antriebstopologien für BEV; nach [89]

Für elektrische Antriebsstränge ergeben sich aufgrund der geringeren Bauraum-
anforderungen und einfacheren Integration die in Abbildung 2.9 dargestellten
möglichen Antriebstopologien. Hierbei wird einerseits unterschieden nach Anordnung und Anzahl der EM zwischen Zentral-, Einzelrad- und Radnabenantrie-
ben sowie der Antriebsart zwischen Vorderrad-, Hinterrad- und Allradantrieben.
Für weiterführende Literatur zur Bewertung dieser Antriebstopologien für BEV
sei bspw. auf Eghtessad [49], Pesce [128] und Vaillant [156] verwiesen.

2.4.1 Hochvoltbatterie

Batterien sind elektrochemische Energiewandler, die chemische Energie intern
speichern und diese in elektrische Energie wandeln. Die technische Bezeich-
nung für eine wiederaufladbare Batterie ist Akkumulator. Dieser wird, angepasst
an den geläufigen Sprachgebrauch, fortführend ebenfalls als Batterie bezeichnet.
Beträgt die Spannungslage der Batterie mehr als 60 V, handelt es sich um eine
HV-Batterie.

Die chemische Energie der Batterie ist in den Elektrodenmaterialien gespeichert. Abhängig von deren Ausführung werden verschiedene Batterietypen
klassifiziert. In der Fahrzeugtechnik kommen hauptsächlich die Bleibatterie,
die Nickel-Metall-Hydrid-Batterie und die Lithium-Ionen-Batterie zum Einsatz,
wobei sich die Lithium-Ionen-Batterie aufgrund der höheren Energiedichte als
Traktionsbatterie von BEV durchgesetzt hat. [155]

Traktionsbatterien bestehen aus einer Vielzahl an einzelnen Lithium-Ionen-
Batteriezellen, die seriell und parallel verschaltet sind. Eine Lithium-Ionen-
Batteriezelle besteht aus zwei Elektroden, die durch einen Separator voneinander getrennt sind. Ein Elektrolyt stellt die Ionen-Leitfähigkeit innerhalb der
Batteriezelle her. Die negative Elektrode besteht aus Kohlenstoffmaterialien,
meist Graphit, in das Lithium eingelagert werden kann und die positive Elektrode entweder aus unterschiedlichen Mischoxiden der chemischen Stoffe Lithium
mit Nickel-, Cobalt- und Manganoxiden oder aus Eisenphosphat. Beim Entla-
den der Batteriezelle findet an der negativen Elektrode eine Oxidationsreaktion
mit Elektronenabgabe statt. Durch die Trennung der beiden Elektroden mittels des Separators wird der Elektronenfluss innerhalb der Zelle verhindert
und kann nur außerhalb der Zelle stattfinden. Innerhalb der Zelle wird der

Stromkreis mittels des Ionenstroms geschlossen, der durch den Separator stattfinden kann. An der positiven Elektrode findet unter Aufnahme der Elektronen die Reduktionsreaktion statt. Beim Ladevorgang verhält es sich entsprechend umgekehrt. [100]

2.4.2 Wechselrichter

Der WR, auch Umrichter oder Inverter genannt, hat die Aufgabe der Umformung von Frequenz und Amplitude des Gleichspannungssystems der Traktionsbatterie in eine für die EM benötigte Spannungsform. Die Ausgangsspannung des WR ist somit abhängig vom gewählten Motortyp. Für Drehfeldmaschinen wird durch eine Brückenschaltung eine dreiphasige Wechselspannung erzeugt, die in Frequenz und Amplitude variabel ist. [155]

WR bestehen aus den Leistungshalbleitern zum Schalten der Leistungen und der Steuereinheit zur Ansteuerung dieser. Die Leistungshalbleiter werden in ungesteuerte Bauelemente (bspw. Dioden) und gesteuerte Bauelemente (bspw. *Metal-Oxide-Semiconductor-Field-Effect-Transistor* (MOSFET) und *Insulated-Gate-Bipolar-Transistor* (IGBT)) unterteilt. Als gesteuerte Leistungshalbleiter, auch Leistungsschalter genannt, werden in BEV hauptsächlich Silizium (Si)-IGBT und als neueste Entwicklung Siliziumkarbid (SiC)-MOSFET eingesetzt. Die Leistungsschalter (S1 bis S6) sind in einer dreiphasigen Brückenschaltung angeordnet, dargestellt in Abbildung 2.10. Dabei bilden vereinfacht zwei Leistungsschalter einen Brückenzweig und drei Brückenzweige die Brückenschaltung. Innerhalb eines Brückenzweigs darf nur ein Leistungsschalter leitend sein, dieser kann auch aus einer parallelen Anordnung mehrerer Leistungshalbleiter bestehen. [82], [134], [162]

Im Betrieb werden die Leistungsschalter mit einem pulsweitenmodulierten Signal angesteuert, wobei durch mehrfaches Pulsen pro Halbschwingung der Ausgangsspannung diese einer Sinusform angenähert wird, dargestellt für eine Phase in Abbildung 2.11. Si-IGBT WR arbeiten typischerweise mit Schaltfrequenzen von 8 - 10 kHz. Durch die Verwendung von SiC-MOSFET können die Schaltfrequenzen auf 20 kHz und mehr erhöht werden. [82], [134], [162]

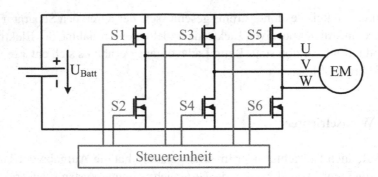

Abbildung 2.10: Darstellung der dreiphasigen Brückenschaltung

In der Anwendung im WR werden mit Si-IGBTs als Leistungsschalter Effizienzgrade von über 90 % erreicht, die durch den Einsatz von SiC-MOSFET um weitere 3 % gesteigert werden können [134]. Für einen ausführlichen Überblick zum Einsatz von SiC-MOSFET in BEV sei auf Shi et al. [148] und Husain et al. [82] verwiesen.

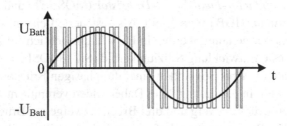

Abbildung 2.11: Darstellung des pulsweitenmodulierten Signalverlaufs

2.4.3 Elektrische Maschine

Die EM ist ein elektromechanischer Energiewandler, der elektrische Energie im ersten Schritt in magnetische Energie und diese anschließend in mechanische Energie wandelt und umgekehrt. Die EM besteht aus einer feststehenden Komponente, dem Stator, und einer rotierenden Komponente, dem Rotor. Die treibende Kraft ist abhängig vom Maschinentyp: die Lorentzkraft, die Reluktanzkraft oder eine Kombination beider Kräfte. In BEV finden hauptsächlich die Maschinentypen Synchronmaschine (SM) und Asynchronmaschine (ASM) Anwendung. [82], [155]

Bei der SM besteht der Stator aus drei Wicklungssträngen, die symmetrisch angeordnet sind und von einem dreiphasigen, um 120° phasenverschobenen Spannungssystem gespeist werden. Dadurch stellt sich ein drehendes Magnetfeld ein, das Drehfeld. Abhängig von der Rotorbauart werden permanenterregte und elektrisch erregte SM unterschieden. Elektrisch erregte SM besitzen Wicklungen auf dem Rotor, die vom Strom durchflossen werden und ein Magnetfeld ausbilden. Bei permanenterregten SM wird das Magnetfeld durch Permanentmagnete erzeugt und dadurch keine zusätzliche Energie benötigt. Abhängig vom konstruktiven Aufbau der SM wirkt die treibende Kraft ausschließlich nach dem Prinzip der Lorentzkraft oder zusätzlich nach der Reluktanzkraft. [112], [155]

Der Stator der ASM ist gleich dem der SM als Dreiphasenwicklung aufgebaut. Der Unterschied liegt im Rotoraufbau, der als Schleifringläufer oder Käfigläufer ausgeführt wird. Der Schleifringläufer wird aufgrund des wartungsintensiven mechanischen Schleifringsystems nicht im Fahrzeug eingesetzt und diesbezüglich nicht näher betrachtet. Der Käfigläufer besteht aus Stäben, die aus Aluminium oder Kupfer gefertigt und an den Enden über Kurzschlussringe verbunden sind. Bildet sich das magnetische Drehfeld im Stator aus, wird in den Rotorstäben eine Spannung induziert und aufgrund der Kurzschlussringe fließt Strom. Die bewegten Ladungen in dem sich verändernden Magnetfeld resultieren aufgrund der Lorentzkraft in einem Drehmoment auf den Rotor. Der Rotor dreht sich im Gegensatz zur SM asynchron mit einer Drehzahl verschieden der Statorfrequenz. [112], [155]

2.4.4 Getriebe

Das Getriebe dient der mechanischen Leistungsübersetzung, bei der für EM vorwiegend eine Drehmomenterhöhung und Drehzahlreduktion stattfindet. Dies geschieht nach Gl. 2.3 in der Größenordnung der Übersetzung i_{GTR}. Ziel ist, die vorhandene Leistung der EM an die Zugkrafthyperbel anzupassen, die sich aus den Fahrwiderständen zusammensetzt. Bei BEV kommen hierbei vorwiegend Eingang- und seltener Mehrganggetriebe zur Anwendung. Durch die richtige Wahl der Anzahl der Gänge und der Übersetzungen kann eine Effizienzsteigerung des Antriebssystems erreicht werden. [49], [120]

$$\frac{n_{in}}{n_{out}} = i_{GTR} = \frac{M_{out}}{M_{in}} \qquad\qquad \text{Gl. 2.3}$$

Die Vorteile des Mehrganggetriebes sind die Optimierung der Effizienz, des Komforts und der Fahrleistungen. Bei einem Zweiganggetriebe kann durch eine hohe erste Übersetzung eine größere Anfahrsteigfähigkeit und Beschleunigungsfähigkeit erreicht werden, während eine zweite kleinere Übersetzung die Höchstgeschwindigkeitsanforderung abdeckt. Aufgrund des Schaltenergiebedarfs und des schlechteren Getriebewirkungsgrads bei mehreren Gängen, ist ein Mehrganggetriebe jedoch nicht immer besser geeignet als ein Einganggetriebe. [49], [120], [155]

3 Grundlagen und Methoden

Die Auswertung von Lastkollektiven nach Kapitel 2.2.3 sowie die Generierung von Prüfzyklen nach Kapitel 2.3 basieren auf Daten und der Anwendung von Methoden zur Datenanalyse und -verarbeitung. Die Datengrundlage, auf der die vorliegende Dissertation aufbaut, wird in Kapitel 3.1 eingeführt. In Kapitel 3.2 werden die eingesetzten Methoden und Algorithmen vorgestellt, wobei diese innerhalb des Bereichs des ML eingeordnet sind.

3.1 Datengrundlage

Die Datengrundlage bilden die zwei Datenquellen der Flottendaten und Studiendaten. Die Flottendaten wurden von einem Automobilhersteller erfasst und die Studiendaten am FKFS im Rahmen einer Probandenstudie aufgenommen. Beide Datenquellen wurden hierbei mit dem gleichen Fahrzeugtyp generiert. Das Fahrzeug ist ein BEV mit den in Tabelle 3.1 aufgelisteten technischen Daten und der in Abbildung 3.1 dargestellten HV-Architektur.

3.1.1 Flottendaten

Moderne Fahrzeuge generieren im Betrieb schätzungsweise 600 GB an Daten pro Tag [150], indem Zustände mit Sensoren gemessen, auftretende Ereignisse gezählt und Informationen zwischen Steuergeräten ausgetauscht werden. Diese Daten sind für die Fahrzeughersteller von besonderem Interesse, da sie die reale Nutzung des Fahrzeugs durch den Kunden wiedergeben. Der Fahrzeughersteller benötigt diese Informationen, um bspw. die Komponentenbelastung unter realen Bedingungen zu analysieren und daraus eine gezielte Auslegung der Komponente für eine höhere Zuverlässigkeit abzuleiten. [14], [16], [40]

© Der/die Autor(en), exklusiv lizenziert an
Springer Fachmedien Wiesbaden GmbH, ein Teil von Springer Nature 2024
A. Ebel, *Generierung von Prüfzyklen aus Flottendaten mittels bestärkenden Lernens*, Wissenschaftliche Reihe Fahrzeugtechnik Universität Stuttgart, https://doi.org/10.1007/978-3-658-44220-0_3

Tabelle 3.1: Technische Daten des betrachteten Fahrzeugs

Kategorie	Angabe
Fahrzeugsegment	C / Kompakt-Van
Antriebsart	Vorderradantrieb
Antriebstopologie	Zentralantrieb
EM-Typ	ASM
Leistung	132 kW
Leistungsschalter	Si-IGBT
Batterietyp	Lithium-Ionen-Batterie
Nennkapazität	28 kW h
Höchstgeschwindigkeit	160 km/h

Die Datenaufnahme im Fahrzeug unterliegt hierbei gesetzlichen und betriebswirtschaftlichen Einschränkungen. Ohne explizites Einverständnis des Kunden dürfen keine Daten aufgezeichnet werden, die einen Personenbezug aufweisen. Dies sind insbesondere die Fahrzeugidentifikationsnummer (FIN) aber auch Daten, bei denen das Fahrverhalten und die Fahrstrecke erhoben werden.

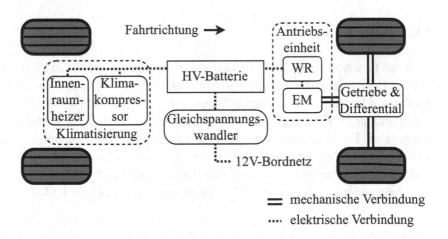

Abbildung 3.1: Darstellung der HV-Architektur des untersuchten BEV

Betriebswirtschaftlich betrachtet ist die fahrzeuginterne Datenspeicherung kostenintensiv, insbesondere wenn zeitkontinuierliche Signale über einen längeren Zeitraum gespeichert werden müssen. Daher verfügen die Steuergeräte nur über begrenzte Speicherkapazitäten und die Daten werden in aggregierter Form als Lastkollektivdaten gespeichert. Für das Auslesen der Lastkollektivdaten stehen anschließend zwei Möglichkeiten zur Verfügung. Entweder können diese über ein im Fahrzeug verbautes Telematikmodul zum Fahrzeughersteller übertragen oder während des Werkstattbesuches über die Diagnoseschnittstelle ausgelesen werden. Zur Sicherstellung der Datenintegrität und -verfügbarkeit findet abschließend eine Speicherung der Daten in einer Datenbank beim Fahrzeughersteller statt. [14]

Für den betrachteten Fahrzeugtyp existiert ein Datensatz von 12 991 Fahrzeugen. Darin enthalten sind 53 Lastkollektive, die aus insgesamt 1160 Lastkollektivklassen sowie sechs kategorischen Klassen (bspw. das Verkaufsgebiet) bestehen. Die Lastkollektive lassen sich in Einzelwerte, eindimensionale und zweidimensionale Kollektive unterteilen. Die Einzelwerte sind bspw. Energiezähler und Stromintegrale für einzelne Komponenten und bestimmte Fahrmodi. Die ein- und zweidimensionalen Lastkollektive werden mit den in Kapitel 2.2.2 vorgestellten Zählverfahren aggregiert und bestehen bspw. aus Strom-, Temperatur- und Drehmomentwerten der Komponenten des elektrischen Antriebsstrangs. Daneben existieren auch eindimensionale Lastkollektive, die aus mehreren zusammengesetzten Einzelwerten bestehen (bspw. die Energiezähler der Nebenverbraucher). Eine weitere zu berücksichtigende Besonderheit der analysierten Lastkollektive ist die nicht immer gleich verteilte Klassenbreite. Die Lastkollektivdaten der betrachteten Kundenfahrzeuge wurden bei der Vorführung der Fahrzeuge in einer autorisierten Vertragswerkstatt während der Service- und Reparaturarbeiten ausgelesen und gespeichert.

Die vorliegenden Flottendaten bestehen neben den Lastkollektivdaten zusätzlich aus Werkstattdaten, die bei einer Kundenfahrzeugreparatur als Befund durch das Werkstattpersonal in einer weiteren Datenbank gespeichert wurden. Im Befund enthalten sind das Befunddatum, die betroffene Komponente, die Fehlerart sowie die durchgeführten Arbeiten. In Tabelle 3.2 ist eine Übersicht zu den analysierten Fehlerfällen aufgelistet. Anhand Fehler A wird in Kapitel 4 die Analyse der Fehlerbedingungen vorgestellt, die Ergebnisse für Fehler B sind

in Anhang A.2 aufgeführt. Das Verhältnis von fehlerfreien zu fehlerhaften
Fahrzeugen beträgt bei den betrachteten Fehlern 206 : 1 bzw. 135 : 1, ist
somit unausgewogen und muss bei der Flottendatenauswertung berücksichtigt
werden.

Tabelle 3.2: Kennwerte der analysierten Fehler

Kategorie	Fehler A	Fehler B
Fehlerort	EM	EM
Fehlerart	Isolationsfehler	elektrischer Fehler
Anzahl Fahrzeuge	63	96

Der Fehler A ist kategorisiert als Isolationsfehler, welcher einen Defekt an der
Isolierung eines elektrischen Geräts oder Kabels bezeichnet und zu einem unge-
wollten Stromfluss führt. Die nach Moghadam et al. [115] bekannten Faktoren,
die sich auf die Isolierung auswirken, lassen sich in vier Arten unterteilen:
thermische, elektrische, mechanische und umgebungsbedingte Faktoren.

Die Datenbanken der Lastkollektivdaten und Werkstattdaten sind ursprünglich
nicht miteinander verknüpft und müssen für die weitere Analyse zusammengeführt werden. Dies geschieht, indem die fehlerhaften Fahrzeuge über ihre FIN
identifiziert und das in den Lastkollektivdaten enthaltene Diagnosedatum dem
Befunddatum zugeordnet wird. Der darauf basierend erzeugte Datensatz für
die Flottendatenauswertung in Kapitel 4 enthält für die fehlerhaften Fahrzeuge
die Lastkollektivdaten, die zum Befunddatum vorlagen und für die fehlerfreien
Fahrzeuge die Daten der letzten Auslesung. Der Datensatz entspricht im Format
einer Tabelle, bei der die Lastkollektivklassen sowie kategorischen Klassen
die Spalten bilden und die Fahrzeuge der gesamten Flotte die Zeilen. Anhand
des Fehlers wird ein Label für jedes Fahrzeug vergeben, wobei fehlerhafte
Fahrzeuge mit dem Label eins und fehlerfreie mit null gekennzeichnet werden.

3.1.2 Studiendaten

Die Studiendaten wurden mit einem speziell mit Messtechnik ausgestattetem
Fahrzeug im Rahmen einer Probandenstudie am FKFS erhoben [133]. Zur

Tabelle 3.3: Verteilung der Streckenarten

Streckenart	Anteil FKFS-Rundkurs
Innerorts	33 %
Außerorts	18 %
Bundesstraße	18 %
Autobahn beschränkt	24 %
Autobahn unbeschränkt	7 %

Erzielung von repräsentativen Ergebnissen muss neben der Fahrzeugwahl eine statistisch aussagekräftige Auswahl der Fahrstrecke und des Fahrerkollektivs erfolgen. Weitere Umgebungsbedingungen (bspw. Verkehrsdichte, Witterung und Außentemperatur) sind dagegen nur bedingt beeinflussbar.

Die Fahrstreckenauswahl hat einen Einfluss auf die in der Probandenstudie auftretenden Fahrzeuggeschwindigkeiten sowie Belastungen des Antriebsstrangs und somit auf die allgemeine Übertragbarkeit der Ergebnisse [136]. Dazu müssen als Streckenparameter die Verteilungen der Streckenarten, der vorhandenen Geschwindigkeitsbegrenzungen, der Fahrbahnsteigung und der Kurvenradien berücksichtigt werden [133]. Das FKFS nutzt für Probandenstudien einen Rundkurs, der auf Grundlage der statistischen Daten zur Streckennutzung und Jahresfahrleistung in Deutschland erstellt wurde. In Tabelle 3.3 ist die repräsentative Verteilung der Streckenarten innerhalb des Rundkurses aufgelistet. Die Fahrstrecke mit einer Länge von 58,6 km befindet sich im Großraum Stuttgart, mit dem Start- und Endpunkt am FKFS. In Abbildung 3.2 ist diese mit dem zugehörigen Höhenprofil dargestellt. [133], [136], [160]

Die Anzahl notwendiger Probanden wurde auf Basis einer angenommenen Standardabweichung von 6,5 % nach Rumbolz [136], einem Signifikanzniveau von 5 % und einer geforderten Genauigkeit von 4 % mit 42 nach Bortz & Döring [21] berechnet. Zur Sicherheit gegen unvorhersehbare Ausfälle wurde die Anzahl pro Probandengruppe um eins auf insgesamt 52 erhöht. Die Zusammenstellung des Probandenkollektivs erfolgte nach den Kriterien der demographischen Bevölkerungszusammensetzung Deutschlands im Alter zwischen 21 und 70 Jahren sowie der durchschnittlichen jährlichen Fahrleistung.

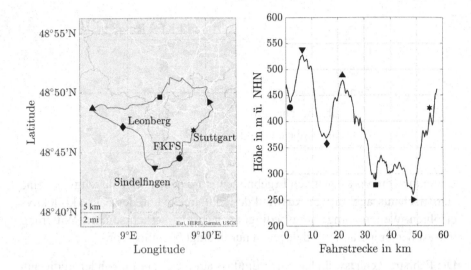

Abbildung 3.2: Darstellung von Streckenverlauf und Höhenprofil des FKFS-Rundkurses

Für die Bevölkerungszusammensetzung wurden die Daten des Statistischen Bundesamts Deutschland für das Jahr 2009 als Grundlage verwendet [78]. Diese sind zusammen mit dem daraus resultierenden Probandenkollektiv in Tabelle 3.4 aufgelistet. Für das zweite Kriterium wurden die Probanden derart zusammengestellt, dass diese als Kollektiv eine repräsentative und durchschnittliche jährliche Fahrleistung von etwa 12 000 km aufweisen [121].

Das BEV wurde für die Studie mit folgender Messtechnik ausgerüstet: An den Hochvoltkomponenten sowie an ausgewählten Niedervoltkomponenten wurden Strom- und Spannungssensoren und an den Kühlkreisläufen Temperatur- und Volumenstromsensoren verbaut. Weiterhin wurde das Fahrzeug mit einem globalen Positionsbestimmungssystem (engl. *Global-Positioning-System*) (GPS), einer inertialen Messeinheit und einer barometrischen Höhenmessung ausgestattet. Die Aufzeichnung der Messdaten erfolgte mit einer Messfrequenz von bis zu 1 kHz.

Tabelle 3.4: Zusammensetzung des Probandenkollektivs

Altersgruppe	Bevölkerungsanteil		Anzahl Probanden	
	Frauen	Männer	Frauen	Männer
21-30	8,9 %	9,2 %	5	5
31-40	9,3 %	9,6 %	5	5
41-50	12,5 %	13,0 %	6	7
51-60	10,3 %	10,2 %	5	5
61-70	8,8 %	8,2 %	5	4

3.2 Das maschinelle Lernen

Das ML ist ein Oberbegriff für Methoden, Verfahren und Algorithmen zur Generierung von Wissen aus in großen Datensätzen vorhandenen Erfahrungen. Es beschreibt die Fähigkeit, durch computergestützte Algorithmen, Muster und Regelmäßigkeiten innerhalb großer Datensätze zu entdecken und daraus Modelle abzuleiten, die diese Muster und Regelmäßigkeiten abbilden. Liegt die Zielgröße für eine Anwendung und dem zugehörigen Datensatz vor, wird diese als Label bezeichnet. Das Label kann dabei ein Signal des Datensatzes sein oder durch den Anwender vorgegeben werden. Erfolgt die Vorgabe manuell, wird der Datensatz als gelabelter Datensatz bezeichnet. Das ML lässt sich in die drei Kategorien überwachtes Lernen, unüberwachtes Lernen und bestärkendes Lernen einteilen. [18]

Das überwachte Lernen umfasst Methoden, mit denen ein Funktionszusammenhang zwischen Datensatz und Label gelernt wird. Abhängig vom Label findet eine Unterscheidung in die Regression und Klassifikation statt. Bei der Regression liegt das Label als kontinuierlicher, numerischer Wert vor, während es bei der Klassifikation ein diskreter, oftmals kategorischer Wert ist. [18]

Beim unüberwachten Lernen existiert für den betrachteten Datensatz kein Label. Die Methoden des unüberwachten Lernens lassen sich auf Basis des Lernproblems in die drei Bereiche Clusteranalyse, Dichteschätzung und Dimensionsreduktion unterteilen. Ziel der Clusteranalyse ist, Gruppen ähnlicher

Objekte innerhalb des Datensatzes zu entdecken. Bei der Dichteschätzung soll die Verteilung der Daten innerhalb des Eingaberaums bestimmt werden. Die Dimensionsreduktion hat das Ziel, die Daten von einem hochdimensionalen Raum auf zwei oder drei Dimensionen zu reduzieren, um diese anschließend visualisieren zu können. [18]

Das bestärkende Lernen basiert auf der Idee des Lernens aus Interaktionen, indem kein bestehender Datensatz vorgegeben wird. Stattdessen führt der Algorithmus selbstständig Aktionen aus und lernt aus den daraus resultierenden Situationen und Ergebnissen. [151]

3.2.1 Methoden des überwachten Lernens

Entscheidungsbäume

Entscheidungsbäume (engl. *Decision-Trees*), erstmals zusammengefasst durch Hunt et al. [81], sind ein modellbasiertes Verfahren des überwachten Lernens für Klassifikations- und Regressionsaufgaben. Die folgenden Erläuterungen beziehen sich auf die Klassifikation, da ausschließlich diese Anwendung findet. Für Informationen zur Regression sei auf Hude [80] verwiesen.

Das Ziel des Entscheidungsbaum-Verfahrens ist, Regeln aus dem analysierten Datensatz aufzustellen, die, unter Berücksichtigung der Klassenlabel, den Datensatz in Teilmengen mit gleichem Klassenlabel partitionieren. Die ermittelten Regeln können anschließend als Baum bzw. Flussdiagramm dargestellt werden, siehe Abbildung 3.3. Eine wichtige Eigenschaft der Entscheidungsbäume ist, dass die aufgestellten Regeln für den Anwender interpretierbar sind. Hierdurch unterscheiden sich Entscheidungsbäume von anderen Methoden des überwachten Lernens. [80], [103]

Zu Beginn des Verfahrens bilden alle Objekte des Datensatzes einen Knoten, den Wurzelknoten. Ausgehend von diesem werden die Knoten fortlaufend in jeweils zwei Knoten, die Kindknoten, gesplittet, bis eine homogene Verteilung der Klassenlabel innerhalb der letzten Kindknoten vorliegt. Diese werden Endknoten genannt und entsprechend derjenigen Klasse zugeordnet, die am häufigsten darin vorkommt. Abbildung 3.3 zeigt das Ergebnis eines Entscheidungsbaums.

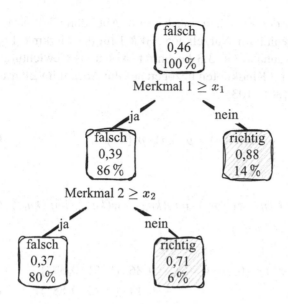

Abbildung 3.3: Darstellung eines Entscheidungsbaums; nach [80]

Der Wurzelknoten enthält 100 % der Daten, wobei die Wahrscheinlichkeit dafür, dass ein Objekt in die Klasse *richtig* fällt, bei 0, 46 liegt und dementsprechend der Knoten der Klasse *falsch* zugeordnet wird. Der anschließende Split in die zwei Kindknoten hat das Ziel, die Heterogenität innerhalb der Knoten zu reduzieren, bzw. analog die Homogenität zu steigern. Dies ist gleichbedeutend mit der Steigerung der Information, die durch den Split erzielt wird. Der Split des Knotens erfolgt auf Grundlage desjenigen Merkmals des Datensatzes, für das die größte Homogenität innerhalb und Heterogenität zwischen den Kindknoten erreicht wird. Als Maß zur Bewertung der Heterogenität werden die Unreinheit, das Ginimaß oder die Entropie verwendet. Die Unreinheit wird bspw. für einen Knoten kn mit den Klassenwahrscheinlichkeiten $p_1(kn)$ und $p_2(kn)$ nach Gl. 3.1 bestimmt. Die Güte eines Splits im Knoten kn für ein Merkmal $feat$ berechnet sich anhand der Reduktion der Heterogenität nach Gl. 3.2, durch Subtraktion der mit w anteilig gewichteten Heterogenitätsmaße der Kindknoten kn_{li} und kn_{re} vom Heterogenitätsmaß des Elternknotens. Das Merkmal mit der größten Reduktion der Heterogenität wird für den nächsten

Split verwendet. Für den Entscheidungsbaum in Abbildung 3.3 wird die Reduktion der Heterogenität im Wurzelknoten $WK\,1$ für das Merkmal 1 ($feat\,1$) und das Attribut x_1 anhand Gl. 3.3 bestimmt, wobei als Gewichtung w die Anteile der Objekte im Kindknoten bezogen auf die Anzahl im Elternknoten Anwendung finden. [80], [103]

$$imp(kn) = p_1(kn) \cdot p_2(kn) \qquad \text{Gl. 3.1}$$

$$\triangle\,(kn, feat) = imp(kn) - w(kn_{li}) \cdot imp(kn_{li}) - w(kn_{re}) \cdot imp(kn_{re}) \quad \text{Gl. 3.2}$$

$$\triangle(WK\,1, feat\,1) = (0,54 \cdot 0,46) - (0,86 \cdot (0,61 \cdot 0,39))$$
$$- (0,14 \cdot (0,12 \cdot 0,88)) \qquad \text{Gl. 3.3}$$
$$= 0,029$$

Besteht ein Merkmal nur aus zwei Werten, dann ist das Attribut für den Split eindeutig. Bei mehr Werten und insbesondere kontinuierlichen Signalen muss das Attribut dagegen gesucht werden. Dies geschieht, indem bspw. die auftretenden Werte eines Signals geordnet und anhand der zugehörigen Klassenlabel des Objektes die Übergänge von einer zur anderen Klasse bestimmt werden. Die Werte an den Klassenübergängen sind die gefundenen Attribute, für die anschließend die Heterogenität berechnet wird. Durch die Kombination von Merkmal und Attribut sind die getroffenen Splits für den Anwender interpretierbar. Über die Stellung eines Merkmals im Baum kann zudem dessen Wichtigkeit abgelesen werden. Der erste Split wird durch das Merkmal gebildet, das die Heterogenität am stärksten reduziert und somit am wichtigsten für die Klassifikation ist. [80], [103]

Die Anzahl der durchgeführten Splits bestimmt letztlich die Stärke der Anpassung des Entscheidungsbaums an den Datensatz. Dabei kann eine Überanpassung auftreten, wenn die Splits durchgeführt werden, bis in jedem Endknoten nur noch Objekte gleicher Klasse enthalten sind. Eine Methode gegen die Überanpassung ist das sogenannte *Pruning* des Entscheidungsbaums. Dazu wird der

Datensatz zu Beginn in eine Trainings-, Test- und Validierungsmenge aufgeteilt. Der Entscheidungsbaum wird mittels der Trainingsmenge gebildet und anschließend reduziert, bis der Wert der Fehlklassifikation in der Validierungsmenge sein Minimum erreicht. Die Evaluierung der Güte des daraus resultierenden Entscheidungsbaumes wird anhand der Testmenge und der in Kapitel 3.2.2 vorgestellten Metriken durchgeführt. [80], [103]

Zufallswald

Die RF-Methode nach Breiman [23] basiert auf der Kombination von Entscheidungsbäumen. Dabei wird nur eine Teilmenge aus dem Datensatz für die Erstellung der einzelnen Bäume genutzt und die finale Prädiktion des Modells anhand einer Mehrheitsentscheidung getroffen. Auf das *Pruning* wird verzichtet, da die verwendeten Teilmengen die Überanpassung ausgleichen. Die Bildung der Teilmenge für das Erstellen der einzelnen Entscheidungsbäume erfolgt über eine zweifache Zufallswahl. Einerseits wird für das Splitten nur eine zufällige Auswahl von Merkmalen genutzt und andererseits für das Training nur eine Stichprobe an Objekten gezogen. Die Ziehung der Stichprobe, auch *Bootstrap*-Stichprobe genannt, findet mit Zurücklegen statt, wobei die Stichprobengröße ca. 63 % des Datensatzes entspricht. Die restlichen 37 % bilden die sogenannte *Out-of-Bag*-Probe, mit der die Fehlklassifikationsrate ermittelt wird. [80]

Analog den Entscheidungsbäumen kann auch mittels RF die Wichtigkeit der Merkmale bestimmt werden, hierzu existieren zwei Möglichkeiten. Die Wichtigkeit wird entweder als Reduktion des Heterogenitätsmaßes bei den anhand des Merkmals durchgeführten Splits berechnet, wobei hier der Mittelwert über alle betreffenden Bäume verwendet wird oder als Reduktion der Vorhersagegenauigkeit bei der *Out-of-Bag*-Probe, indem durch Permutation des Merkmals der Zusammenhang mit der Zielgröße aufgelöst wird. [80]

Extra-Bäume Klassifikator

Die Methode der extrem randomisierten Bäume (Extra-Bäume, bzw. Extra-Bäume-Klassifikator (engl. *Extra-Trees-Classifier*) (ETC)) nach Geurts [62] ist ein weiteres Verfahren, das auf der Kombination von Entscheidungsbäumen basiert. Gleich der RF-Methode findet die Prädiktion auf Basis der Mittelwertbildung aller beteiligten Entscheidungsbäume statt. Im Gegensatz zum RF verwendet ETC anstatt Stichproben den gesamten Datensatz zum Training der Bäume, wodurch die Verzerrung des Modells reduziert wird. Der größere Unterschied liegt jedoch bei der Bestimmung der Merkmalsattribute für den Split. Während beim RF die optimalen Attribute gesucht werden, findet beim ETC eine zufällige Auswahl statt. Anschließend nutzen beide Verfahren das beste Merkmal für den Split. Die ETC kombinieren somit die Randomisierung und die Optimierung bei der Bestimmung der Splits. Der Vorteil der ETC im Vergleich zum RF ist der geringere Berechnungsaufwand, da die Attribute der Merkmale nicht bestimmt werden müssen. Dadurch sind ETC besser für Anwendungen geeignet, bei denen die Berechnungszeit kritisch ist. [62], [153]

Merkmalsauswahl

Die Methoden zur Auswahl relevanter Merkmale lassen sich nach Bolón-Canedo et al. [20] in die drei Kategorien Filter, *Wrapper* und eingebettete Methoden einteilen:

- Filter selektieren die relevanten Merkmale auf Basis der Eigenschaften innerhalb der Daten (bspw. Korrelationen) unabhängig vom später gewählten Algorithmus und werden während der Vorverarbeitung der Daten angewandt.
- *Wrapper* bewerten die Relevanz von Merkmalen in Bezug auf den gewählten Lernalgorithmus, indem durch die Merkmalsauswahl eine Optimierung des Lernalgorithmus stattfindet.
- Eingebettete Methoden verwenden die Merkmalsauswahl implizit während des Trainings der Modelle (bspw. Entscheidungsbäume).

Bolón-Canedo et al. [20] führen eine Bewertung von verschiedenen Algorithmen zur Merkmalsauswahl an mehreren Datensätzen durch. Dabei werden innerhalb der Datensätze irrelevante Daten, Rauschen, Redundanzen und Interaktionen zwischen den Merkmalen berücksichtigt. Zusammenfassend erreicht der SVM-RFE-Algorithmus [68], eine Kombination der *Recursive-Feature-*

Elimination (RFE) mit dem Klassifikator SVM[1], die besten Ergebnisse inner-halb der *Wrapper* und eingebetteten Methoden. Der RFE-Algorithmus nach Guyon et.al. [68] ist ein Beispiel für die rückwärtsgerichtete Entfernung von Merkmalen nach Kohavi & John [99], mit dem folgenden iterativen Ablauf:

1. Training eines Klassifikators
2. Berechnung des Rangkriteriums für alle Merkmale
3. Entfernung des Merkmals mit dem kleinsten Rangkriterium

Der Algorithmus ist beendet, sobald allen Merkmalen ein Rangwert zugeord-net ist, der die Relevanz des Merkmals beschreibt. Anschließend werden die Merkmale auf Grundlage ihres Rangwertes in einem reduzierten Datensatz zu-sammengefasst, für den die Modellgüte des Klassifikators am größten ist. [68]

Bergmeir untersucht in [14] den SVM-RFE-Algorithmus für die Verwendung an Flottendaten. Dabei sind in der vorgestellten Implementierung drei Kreuzvalidie-rungen geschachtelt: zwei Kreuzvalidierungen sind Bestandteil des SVM-RFE und eine Kreuzvalidierung dient der Optimierung des finalen Klassifikators, wodurch das Verfahren sehr rechenintensiv ist. Zusätzlich stellt Bergmeir ei-ne RF-basierte Methode zur Merkmalsauswahl vor und vergleicht diese mit dem SVM-RFE. Die dargestellten Ergebnisse des RF-Verfahrens sind für den verwendeten unausgewogenen Datensatz deutlich besser [14]. Die Vorgehens-weise des RF-Verfahrens ist in Abbildung 3.4 dargestellt und basiert auf dem Algorithmus Zufallswald-Klassifikator (engl. *Random-Forest-Classifier*) (RFC). Zu Beginn werden für den RFC die optimalen Hyperparameter innerhalb einer Kreuzvalidierung ermittelt und genutzt, um anschließend 500 RFC-Modelle mit diesen zu trainieren und dabei den *Permutation-Importance-Index* (PII) zu berechnen. Der PII nach Breiman [23] ist ein Maß zur Bestimmung der Wich-tigkeit einzelner Merkmale, indem durch das Vertauschen einzelner Merkmale die Auswirkung auf die Modellgüte betrachtet wird. Je größer der PII-Wert ist, desto mehr ist die Modellgüte von dem Merkmal abhängig. Zur Stabilisierung der Ergebnisse wird der Medianwert der 500 PII-Werte für jedes Merkmal berechnet und alle Merkmale nach dessen Größe absteigend sortiert. Für die Ermittlung der Anzahl relevanter Merkmale findet eine rechenintensive Vor-

---

[1]Die SVM ist ein lineares Modell aus dem Bereich des überwachten ML zur Klassifikation oder Regression von Daten.

wärtsstrategie Anwendung. Dabei wird für die r-Merkmale mit den größten PII-Werten, $r \in \{2, \ldots, 200\}$, jeweils ein RFC trainiert und damit die *Balanced-Error-Rate* (BER) berechnet. Die BER ist der Durchschnitt der Fehlerraten in jeder Klasse [34]. Für die optimale Anzahl der Merkmale wird der Wert r verwendet, für den der erreichte BER-Wert nur um 3 % vom besten Wert abweicht (Zeile 24 in Abbildung 3.4).

Auflösung des Klassenungleichgewichts

Eine Herausforderung in realen Datensätzen stellt die Unausgewogenheit zwischen Klassen dar. Dies ist als Problem des Klassenungleichgewichts (engl. *Imbalanced Data*) bekannt und kann bei der Anwendung von Algorithmen des ML zu Schwierigkeiten führen. Eine detaillierte Übersicht über das Thema der unausgewogenen Datensätze und Lösungsansätze geben Branco et al. [22] und He & Garcia [73]. Nach Batista et al. [11] sind insbesondere Entscheidungsbäume von dem Problem der Unausgewogenheit betroffen und Chawla et al. [27] zeigen die erzielten Verbesserungen durch Auflösung des Klassenungleichgewichts am RIPPER-Algorithmus.

Zur Angleichung eines unausgewogenen Datensatzes existieren zwei grundlegende Strategien. Einerseits kann die unterrepräsentierte Klasse durch Generierung neuer Datenpunkte erweitert werden - das sogenannte *Oversampling* - und andererseits kann die überrepräsentierte Klasse durch Entfernen einzelner Datenpunkte verkleinert werden - das sogenannte *Undersampling*. Batista et al. [11] untersuchten verschiedene *Over-* und *Undersampling*-Algorithmen für die Anwendung bei unausgewogenen Datensätzen. Die Algorithmuskombination *SMOTE + ENN* (SMOTEENN) zeigte dabei sehr gute Ergebnisse für Datensätze mit wenig Datenpunkten der relevanten Klasse (Minderheitsklasse). Er stellt eine Abfolge aus dem *Oversampling*-Algorithmus SMOTE [27] und dem *Undersampling*-Algorithmus *Edited-Nearest-Neighbours* (ENN) [161] dar.

Abbildung 3.5 zeigt grafisch die Vorgehensweise des SMOTEENN-Algorithmus. In Schaubild a) ist der unausgewogene Datensatz im zweidimensionalen Raum dargestellt, bestehend aus einer geringen Anzahl Datenpunkte ⋆ und einer größeren Anzahl Datenpunkte •. In Schaubild b) werden mit dem SMOTE-Algorithmus neue, künstliche Datenpunkte für die unterrepräsentierte Klasse

1: **Input:** Φ : initialisierte Hyperparameter; $\mathcal{D}$: Datensatz
2: **Output:** $feat$: relevante Merkmale
3: **for each** $train, test\ from\ \mathcal{D}$ **do** $\triangleright$ via Kreuzvalidierung
4:    **for each** $subtrain, subtest\ from\ train$ **do** $\triangleright$ via Kreuzvalidierung
5:       **for each** $\phi \in \Phi$ **do**
6:          $model_1 \leftarrow BalancedRFC(subtrain, \phi)$
7:          Trainiere $model_1$
8:       **end for**
9:    **end for**
10:    Bestimme beste Parameter ϕ_{best}
11:    **for** $i \in \{0, \ldots, 500\}$ **do**
12:       $model_2 \leftarrow RFC(train, \phi_{\text{best}})$
13:       Trainiere $model_2$
14:       $Var\_Imp(:, i) \leftarrow PII(model_2)$
15:    **end for**
16:    **for** $i \in \{0, \ldots, N_{feat}\}$ **do**
17:       $Md(i) \leftarrow Median(Var\_Imp(i, :))$
18:    **end for**
19:    Berechne $feat_{\text{rank}}$ $\triangleright$ Ordne die Merkmale anhand Md
20:    **for** $r \in \{2, \ldots, 200\}$ **do**
21:       $model_3 \leftarrow RFC(train(:, feat_{\text{rank}}(1:j)), \phi_{\text{best}})$
22:       Trainiere $model_3$ und Berechne BER
23:    **end for**
24:    Bestimme $feat$ für $r \leftarrow \frac{BER_r - BER_{\text{best}}}{BER_{\text{best}}} \leq 3\%$
25: **end for**

Abbildung 3.4: Pseudocode: Auswahl relevanter Merkmale mittels RF-Verfahren; nach [14]

erzeugt. Ein künstlicher Datenpunkt berechnet sich dabei aus der Differenz zwischen einem betrachteten Datenpunkt und dessen Nachbarn, indem die Differenz mit einer Zufallszahl im Bereich $[0, 1]$ multipliziert und zum betrachteten Datenpunkt addiert wird [27]. Die Anwendung des ENN-Algorithmus ist in Schaubild c) dargestellt, dabei entfernt der ENN jeden Datenpunkt, dessen Klassenbezeichnung sich von der Klasse mindestens zwei seiner drei nächsten Nachbarn unterscheidet. Dies betrifft sowohl die überrepräsentierte als auch die unterrepräsentierte Klasse. In Schaubild d) ist das Ergebnis der Datensatzangleichung dargestellt, es wurden zusätzliche Datenpunkte für die unterrepräsentierte Klasse erzeugt und Datenpunkte der überrepräsentierten Klasse gelöscht. Dadurch existiert nun ein ausgewogener Datensatz und es konnte zudem eine Trennung zwischen den Klassen erzielt werden. [11]

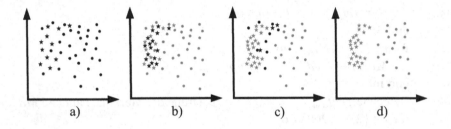

a)   b)   c)   d)

Abbildung 3.5: Darstellung der SMOTEENN-Vorgehensweise mit der unterrepräsentierten Klasse ★ und der überrepräsentierten Klasse ●; nach [11]

Regel-Lernverfahren

Im Bereich des überwachten ML existieren zum Lernen logischer Konzeptdarstellungen die Regel-Lernverfahren. Eine Regel ist definiert als Wenn-Dann-Anweisung, die aus den Bedingungen req_i und einer Konsequenz besteht, Gl. 3.4. Eine Bedingung req beschreibt eine Beziehung zwischen dem Merkmal $feat_i$ und dem Grenzwert $val \in \mathbb{R}$ über den relationalen Operator $cond \in \{=, <, >, \leq, \geq\}$, Gl. 3.5. Die Konsequenz ist im vorliegenden Anwendungsfall das Auftreten eines Fehlers. Die Bedingung ist der Grund für das

Auftreten des Fehlers und der relevante Aspekt. Typischerweise besteht eine Regel aus der Konjunktion mehrerer Bedingungen $req_1 \wedge req_2 \wedge \ldots \wedge req_{N_B}$, wobei N_B die Anzahl der Bedingungen ist, die sogenannte Regellänge. Die vollständige Beschreibung des Ergebnisses wird anschließend nicht nur durch eine einzelne Regel, sondern durch einen Regelsatz dargestellt. Dieser besteht aus der nicht-ausschließenden Disjunktion $\vee$ der einzelnen Regeln. [57], [58]

$$WENN \; \boldsymbol{req_1} \wedge \boldsymbol{req_2} \wedge \ldots \wedge \boldsymbol{req_{N_B}} \; DANN \; Fehler = wahr \qquad \text{Gl. 3.4}$$

$$req_i = feat_i \; \boldsymbol{cond} \; val \qquad \text{Gl. 3.5}$$

Je nach Art der Regel, die gefunden werden soll, wird unterschieden zwischen der deskriptiven Regelfindung mit dem Ziel, signifikante Muster und Regelmäßigkeiten innerhalb eines Datensatzes in Form von Regeln zu beschreiben, und dem prädiktiven Regellernen mit dem Ziel, einen Regelsatz zu lernen, mit dem Vorhersagen für neue Merkmale möglich sind. Die deskriptive Regelfindung unterteilt sich nochmals in die Analyse von Untergruppen, bei der eine bestimmte Eigenschaft von Interesse innerhalb eines überwachten Lernens analysiert wird, und der Entdeckung von Assoziationsregeln, bei der beliebige Abhängigkeiten zwischen Merkmalen durch unüberwachtes Lernen berücksichtigt werden. Im Gegensatz zum prädiktiven Regellernen liegt der Schwerpunkt der deskriptiven Regelfindung auf dem Auffinden einzelner Regeln, die nach ihrer statistischen Gültigkeit bewertet werden und nicht nach der Prädiktionsgüte für neue Merkmale. Da einzelne Regeln typischerweise nur einen Teil des Datensatzes abdecken, wird beim prädiktiven Regellernen zur Erreichung einer vollständigen Abdeckung ein Regelsatz gelernt. [58]

Das prädiktive Regellernen lässt sich nach Fürnkranz et al. [57] in die folgenden drei Phasen einteilen:

1. **Merkmalskonstruktion:** Dabei werden aus den Merkmalen des Datensatzes und deren vorkommenden Werten die Bedingungen für den Fehler erstellt. Eine Bedingung ist dabei der Wert eines Merkmales, für den ein Wechsel von der Klasse fehlerfrei zu fehlerhaft stattfindet.

2. **Regelkonstruktion:** Mit den erstellten Bedingungen werden einzelne Regeln konstruiert, die jeweils einen Teil des Datensatzes abdecken. Dabei wird in einer iterativen Anwendung heuristisch nach der Bedingungskonjunktion gesucht, die für den Fehler die meisten fehlerhaften Fahrzeuge erfasst. Bei jeder Iteration wird die Menge der fehlerhaften Fahrzeuge reduziert, indem die in der vorherigen Iteration erfassten Fahrzeuge (fehlerhafte und fehlerfreie) eliminiert werden. Sobald alle fehlerhaften Fahrzeuge erfasst sind, ist die Regelkonstruktion abgeschlossen. Die Vorgehensweise wird als Algorithmus zur sequentiellen Abdeckung bezeichnet.

3. **Hypothesenbildung:** Die erstellten Regeln werden für das Training eines Klassifikators genutzt. Hierbei werden die Regeln ausgewählt, anhand derer die Modellgüte des Klassifikators gesteigert werden kann. Die Ergebnisse der Hypothesenbildung sind einerseits der trainierte Klassifikator und andererseits eine Zusammenfassung der zum Training genutzten Regeln. Dies kann ein ungeordneter Regelsatz oder eine Entscheidungsliste sein. Der Regelsatz hat dabei im Gegensatz zu einer Entscheidungsliste keine inhärente Reihenfolge. Dies bedeutet, alle Regeln im Satz müssen überprüft werden, um eine Vorhersage für einen Fehler abzuleiten.

Zusätzlich zum prädiktiven Regellernen ist es möglich, Entscheidungsbäume zur Generierung von Regelsätzen zu verwenden. Die Knoten in einem Entscheidungsbaum stehen für Merkmale $feat_i$ oder Bedingungen f_i, die Bögen für Werte von Merkmalen val oder Ergebnisse dieser Bedingungen und die Blätter ordnen das Eintreten eines Fehlers zu. Erfolgt die Auswahl der Regeln von den Blättern zu den Wurzeln des Entscheidungsbaumes, ist das Ergebnis eine Entscheidungsliste. Vice Versa erhält man einen ungeordneten Regelsatz. [57]

Algorithmen des prädiktiven Regellernens sind bspw. *Incremental-Reduced-Error-Pruning* (IREP) nach Fürnkranz & Widmer [59] und RIPPER nach Cohen [32]. Beide basieren auf dem Prinzip der reduzierten Fehlerbeseitigung (engl. *Reduced-Error-Pruning*) (REP), wobei RIPPER eine Erweiterung von IREP darstellt. Die REP-Methode teilt den Datensatz in eine Wachstumsmenge und eine Bereinigungsmenge auf. Anhand der Wachstumsmenge werden die Regeln gebildet und mit der Bereinigungsmenge korrigiert. Die Aufteilung des Datensatzes stellt hierbei sicher, dass nicht mit denselben Daten bereinigt wird, die für das Wachstum verwendet werden. Die Bildung der Regeln erfolgt durch das Hinzufügen der Bedingungen, die den *First-Order-Inductive-Learner* (FOIL) Informationsgewinn nach Gl. 3.6 maximieren. Je mehr Bedingungen eine Regel enthält, desto stringenter wird sie und schließt mehr fehlerfreie Fahrzeuge aus. Sobald die Regel keine fehlerfreien Fahrzeuge mehr abdeckt, ist der Vorgang des Wachstums beendet und die Bereinigung der erstellten Regeln beginnt. [32], [59], [117]

$$\text{FOIL}(\Psi_0, \Psi_1) := e_{p,\Psi_0,\Psi_1} \left(\log_2 \frac{e_{p,\Psi_1}}{e_{p,\Psi_1} + e_{n,\Psi_1}} - \log_2 \frac{e_{p,\Psi_0}}{e_{p,\Psi_0} + e_{n,\Psi_0}} \right) \qquad \text{Gl. 3.6}$$

mit:

Ψ_0	Regel vor dem Hinzufügen einer neuen Bedingung
Ψ_1	Regel nach dem Hinzufügen einer neuen Bedingung
$e_{p,\Psi_0}, e_{p,\Psi_1}$	Anzahl fehlerhafter Fahrzeuge, abgedeckt durch Ψ_0 / Ψ_1
$e_{n,\Psi_0}, e_{n,\Psi_1}$	Anzahl fehlerfreier Fahrzeuge, abgedeckt durch Ψ_0 / Ψ_1
e_{p,Ψ_0,Ψ_1}	Anzahl fehlerhafter Fahrzeuge, abgedeckt durch Ψ_0 und Ψ_1

Das Bereinigen der Regel findet anhand der Bereinigungsmenge statt, in umgekehrter Reihenfolge werden die Bedingungen der Regel testweise entfernt und das Ergebnis anhand einer Metrik, bspw. Gl. 3.7, bewertet. Die finale Regel besteht nur aus den Bedingungen, für welche die Metrik maximal ist. Die REP-Methode wird iterativ nach dem Algorithmus der sequentiellen Abdeckung durchgeführt, bis eine gefundene Regel nur noch eine Präzision von weniger als 50 % aufweist. [32], [59], [117]

$$\text{Kriterium} = \frac{e_{p,\Psi} + (e_{n,\text{veh}} - e_{n,\Psi})}{e_{p,\text{veh}} + e_{n,\text{veh}}} \qquad \text{Gl. 3.7}$$

mit:

$e_{p,\Psi}$	Anzahl fehlerhafter Fahrzeuge, abgedeckt durch Ψ
$e_{p,\text{veh}}$	Summe aller fehlerhaften Fahrzeuge
$e_{n,\Psi}$	Anzahl fehlerfreier Fahrzeuge, abgedeckt durch Ψ
$e_{n,\text{veh}}$	Summe aller fehlerfreien Fahrzeuge

Das beschriebene Vorgehen ist innerhalb des IREP-Algorithmus implementiert, für den RIPPER-Algorithmus wurden die folgenden Änderungen und Erweiterung von Cohen [32] vorgestellt:

Bereinigungsmetrik: Die Metrik zur Bereinigung der Regeln wird in Gl. 3.8 umgewandelt, da aufgrund der ursprünglichen Metrik in Gl. 3.7 der Algorithmus IREP bei einer zunehmenden Anzahl Fahrzeuge gelegentlich nicht richtig konvergiert.

$$\text{Kriterium} = \frac{e_p - e_n}{e_p + e_n} \qquad\qquad \text{Gl. 3.8}$$

Abbruchkriterium: Als Abbruchkriterium wird anstatt der Präzision die informationstheoretische Heuristik der Beschreibungslänge nach Quinlan [131] verwendet, ein Maß für die Komplexität des Modells. Dabei wird nach jedem Hinzufügen einer Regel die gesamte Beschreibungslänge des Regelsatzes und aller erfassten Fahrzeuge in Bits gemessen. Mit zunehmender Länge und Präzision des Regelsatzes nimmt dessen Komplexität zu, während die Komplexität der Anzahl der nicht erfassten Fahrzeuge abnimmt. Zur Vermeidung einer Überanpassung stoppt das Wachstum der Regeln, sobald die Beschreibungslänge einen definierten Schwellenwert überschritten hat oder sich keine fehlerhaften Fahrzeuge mehr in der Wachstumsmenge befinden. Die Beschreibungslänge steuert somit den Zielkonflikt zwischen der Minimierung des Trainingsfehlers und der Minimierung der Modellkomplexität. [32], [117]

Optimierungsphase: Der Ablauf des Regellernens wird um eine Optimierungsphase erweitert, in der eine Bewertung des Beitrags jeder Regel für das Modell stattfindet. Dazu wird eine Regel aus dem gelernten Regelsatz entfernt und anschließend versucht, sie sowohl im Kontext früherer Regeln als auch im Kontext nachfolgender Regeln neu zu lernen. Für die entfernte Regel wird einerseits eine neue Ersatzregel aufgestellt und andererseits eine Revision der Regel, durch zusätzliches Hinzufügen und Eliminieren von Bedingungen, durchgeführt. Das optimierte Modell verwendet abschließend diejenige der drei Varianten Original, Ersatz oder Revision, welche die kleinste Beschreibungslänge für den Regelsatz ergibt. Existieren nach dem Durchlauf des Prozesses noch fehlerhafte Fahrzeuge in der Wachstumsmenge, dann findet ein weiterer Durchlauf des Prozesses statt. [32], [117]

Einen im Vergleich zu RIPPER und IREP gänzlich anderen Ansatz des Regellernens verfolgt der Skope-Rules-Algorithmus nach Gautier et al. [61]. Skope-
Rules ist ein interpretierbarer regelbasierter Klassifikator mit dem Ziel, Ent-
scheidungsregeln für das Erkennen einer Zielklasse zu lernen und die Instanzen
dieser Klasse mit hoher Präzision zu erkennen. Die Generierung der Regeln,
dargestellt in Abbildung 3.6, erfolgt beim Skope-Rules-Algorithmus nach Gautier et al. anhand der drei folgenden Schritte:

1. **Training des Schätzers:** Der verwendete Schätzer besteht aus mehreren
   Entscheidungsbäumen zur Klassifikation und Regression. Die Entscheidungsbäume werden zur Vorhersage des Fehlers trainiert. Jeder Knoten der
   Klassifikatoren wird anschließend in eine Regel umgewandelt.
2. **Filtern der Regeln:** Nach dem Training des Schätzers werden alle Regeln
   extrahiert und anhand des erforderlichen Präzisions- und Sensitivitätswerts
   bewertet. Qualifizierte wichtige Regeln werden für die weitere Analyse
   ausgewählt, der Rest wird verworfen.
3. **Semantische Deduplizierung:** Die Ähnlichkeit zwischen Regeln wird auf
   der Grundlage der beinhalteten Merkmale $feat_i$ und dem in der Regel verbundenen relationalen Operator $cond$ bestimmt. Nach diesem Schritt existiert
   ein Satz leistungsstarker Regeln mit großer Diversität.

Skope-Rules unterscheidet sich von anderen auf Entscheidungsbäumen basie-
renden Lernverfahren hauptsächlich in der Art und Weise, wie die Entschei-
dungsregeln ausgewählt werden. Er verwendet die semantische Deduplizierung
auf Grundlage der Variablen, aus denen sich jede Regel zusammensetzt. [61]

3.2.2 Bewertung von Modellen des überwachten Lernens

Die Bewertung der Modelle des überwachten Lernens findet anhand von Me-
triken statt. Eine Metrik ist ein numerisches Maß, mit dem die Effizienz eines
Modells beschrieben wird. Die vorliegende Dissertation beschränkt sich auf die
Bewertung von Klassifikationsmodellen.

Die Ergebnisse eines Klassifikators für ein binäres Klassifikationsproblem
können in einer Konfusionsmatrix angegeben werden, dargestellt in Tabelle 3.5.
Diese wird erstellt, indem die vorhergesagte Klassenbezeichnung eines Objektes

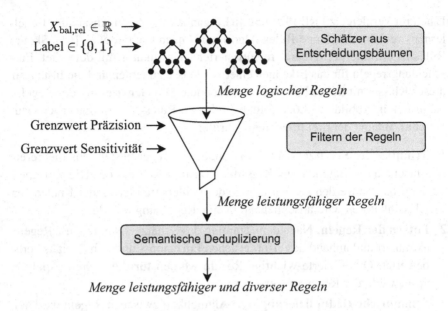

$X_{\text{bal,rel}} \in \mathbb{R} \rightarrow$
Label $\in \{0, 1\} \rightarrow$

Schätzer aus
Entscheidungsbäumen

Menge logischer Regeln

Grenzwert Präzision $\rightarrow$
Grenzwert Sensitivität $\rightarrow$

Filtern der Regeln

Menge leistungsfähiger Regeln

Semantische Deduplizierung

Menge leistungsfähiger und diverser Regeln

Abbildung 3.6: Darstellung der Skope-Rules-Vorgehensweise; nach [61]

mit seiner realen verglichen wird. Die Konfusionsmatrix beinhaltet für jede Klasse die richtig klassifizierten Objekte, die Anzahl richtig-positiver (TP) und richtig-negativer (TN) sowie die falsch klassifizierten, die Anzahl falsch-positiver (FP) und falsch-negativer (FN). [22], [80]

Tabelle 3.5: Darstellung der Konfusionsmatrix; nach [80]

		Prädiktion	
		Positiv	Negativ
Realität	Positiv	richtig-positiv (TP)	falsch-negativ (FN)
	Negativ	falsch-positiv (FP)	richtig-negativ (TN)

Die Konfusionsmatrix ist keine Metrik zur Beurteilung der Modellgüte von Klassifikatoren, sondern eine Darstellungsform der Klassifikationsergebnisse und bildet die Basis für die Berechnung verschiedener Metriken. Die für diese

Arbeit relevanten Metriken sind ausgewogene Genauigkeit (engl. *Balanced Accuracy*) (BAC), Recall, Präzision und F1-Maß.

BAC: Die Genauigkeit nach Gl. 3.9 ist die am häufigsten verwendete Metrik zur Bestimmung der Modellgüte für binäre Klassifikationsprobleme. Liegt jedoch ein unausgewogener Datensatz vor, in dem eine Klasse gegenüber der anderen durch ihre Anzahl an Objekten überrepräsentiert ist, ist die Genauigkeit nicht geeignet. Die Aussagekraft der unterrepräsentierten, aber oft wichtigeren Klasse ist dann im Vergleich zur Mehrheitsklasse reduziert. In diesem Fall wird die BAC angewandt. [22], [157]

$$\text{Genauigkeit} = \frac{TP + TN}{TP + FN + TN + FP} \qquad \text{Gl. 3.9}$$

Die BAC ist nach Gl. 3.10 definiert als der arithmetische Mittelwert aus der Sensitivität (wahrer positiver Anteil) und der Spezifität (wahrer negativer Anteil), wobei unerheblich ist, welche der Klassen in der Unter- bzw. Überzahl ist. Für ausgewogene Datensätze ist die BAC algebraisch identisch mit der Genauigkeit. [22], [157]

$$\text{BAC} = \frac{1}{2}\left(\frac{TP}{TP + FN} + \frac{TN}{TN + FP}\right) \qquad \text{Gl. 3.10}$$

Recall: Die Metrik Recall, auch Sensitivität oder Trefferquote genannt, ist ein Maß zur Ermittlung des Prozentsatzes der relevanten Datenpunkte und nach Gl. 3.11 definiert als die Anzahl der Objekte der positiven Klasse, die korrekt vorhergesagt wird. Die Leistung des Klassifikators wird dabei anhand der Vorhersageergebnisse der positiven Klasse bestimmt, während die falsch-positiven Ergebnisse vernachlässigt werden. [22], [138]

$$\text{Recall} = \frac{TP}{TP + FN} \qquad \text{Gl. 3.11}$$

Präzision: Die Präzision, auch positiver Vorhersagewert genannt, ist nach Gl. 3.12 definiert als die Anzahl der richtig-positiven Vorhersagen von allen aktuellen positiven Vorhersagen. Im Vergleich zum Recall gibt die Metrik

Präzision die Fähigkeit eines Klassifikators an, die positive Klasse richtig zu erkennen, unter Berücksichtigung der falsch-positiven Ergebnisse. [22], [138]

$$\text{Präzision} = \frac{TP}{TP + FP} \qquad\qquad \text{Gl. 3.12}$$

F1-Maß: Das F1-Maß als Metrik berechnet nach Gl. 3.13 den harmonischen Mittelwert der Präzision und des Recalls. Es wird verwendet, um einen Klassifikator ausgewogen bzgl. den Metriken Präzision und Recall zu optimieren. [22], [138]

$$F1 = \frac{2 \cdot \text{Präzision} \cdot \text{Recall}}{\text{Präzision} + \text{Recall}} \qquad\qquad \text{Gl. 3.13}$$

3.2.3 Methoden des unüberwachten Lernens

Dimensionsreduktion

Für die Dimensionsreduktion existieren lineare und nichtlineare Algorithmen, die angewandt werden, um hochdimensionale Daten in einen Raum mit weniger Dimensionen unter Beibehaltung der wichtigen Informationen zu projizieren. Ein linearer Algorithmus zur Dimensionsreduktion ist bspw. die PCA, während das Verfahren t-SNE einen nichtlinearen Algorithmus darstellt. [110], [137]

Bei der PCA wird eine orthogonale Transformation verwendet, um die Datenpunkte der Lastkollektivklassen in eine Reihe von Werten linear unkorrelierter Variablen umzuwandeln, die sogenannten Hauptkomponenten. Dabei ist die Anzahl der Hauptkomponenten kleiner als oder gleich der Anzahl der Lastkollektivklassen. Aufgrund der Definition der Umwandlung weist die erste Hauptkomponente die größte Varianz auf, d.h. diese berücksichtigt einen möglichst großen Teil der Variabilität der Daten. Jede nachfolgende Komponente weist wiederum die höchstmögliche Varianz auf, wobei diese orthogonal zu den vorhergehenden Komponenten ist. Die Hauptkomponenten sind orthogonal, da sie die Eigenvektoren der Kovarianzmatrix sind, welche symmetrisch ist. Das Ziel der PCA ist eine Maximierung der Varianz in der resultierenden niedrigdimensionalen Projektion. [116], [137]

Für die detaillierte Herleitung und Berechnung der PCA wird auf die einschlägige Literatur verwiesen: Jolliffe [85], bzw. Runkler [137].

Der t-SNE ist ein nichtlinearer, wahrscheinlichkeitsbasierter Ansatz, der die Datenpunkte x eines hochdimensionalen Raums auf Kartenpunkte y im niedrigdimensionalen Raum projiziert. Dabei werden im hochdimensionalen Raum die euklidischen Abstände zwischen den Datenpunkten bestimmt und diese zu bedingten Wahrscheinlichkeiten umgerechnet. Die Ähnlichkeit zwischen zwei Datenpunkten ist dabei die bedingte Wahrscheinlichkeit $p_{j|i}$, dass Datenpunkt x_i Datenpunkt x_j als seinen Nachbarn wählen würde, wenn die Nachbarn proportional zu ihrer Wahrscheinlichkeitsdichte unter einer bei Datenpunkt x_i zentrierten Gaußverteilung ausgewählt würden. Bei nahe beieinander liegenden Datenpunkten ist die bedingte Wahrscheinlichkeit $p_{j|i}$ relativ hoch, während bei weit auseinander liegenden Datenpunkten diese fast verschwindend ist. [110]

Für die niedrigdimensionalen Kartenpunkte y_i und y_j der äquivalenten hochdimensionalen Datenpunkte wird ebenfalls eine bedingte Wahrscheinlichkeit $q_{j|i}$ berechnet. Hierbei wird im Gegensatz zu den Datenpunkten eine t-Verteilung (Studenten-Verteilung) für die Kartenpunkte angenommen. Bilden die Kartenpunkte die Ähnlichkeit der Datenpunkte korrekt ab, dann sind die bedingten Wahrscheinlichkeiten $p_{j|i}$ und $q_{j|i}$ gleich. Ziel des t-SNE ist, die passenden Kartenpunkte zu finden, welche die Diskrepanz zwischen den bedingten Wahrscheinlichkeiten minimieren. Als Maß für die Genauigkeit, mit der die bedingte Wahrscheinlichkeit $q_{j|i}$ der Kartenpunkte die bedingte Wahrscheinlichkeit $p_{j|i}$ der Datenpunkte modelliert, wird die Kullback-Leibler-Divergenz angewandt. Zur Berechnung der Kartenpunkte minimiert der t-SNE die Summe der Kullback-Leibler-Divergenzen über alle Datenpunkte mittels eines Gradientenabstiegsverfahrens. [110]

Clusteranalyse

Die Clusteranalyse ist ein unüberwachtes Lernverfahren zum Gruppieren ungelabelter Daten in sogenannte Cluster. Die Datenpunkte innerhalb der Cluster sind dadurch charakterisiert, dass ihre Ähnlichkeit zueinander größer ist, als die zu den Datenpunkten der weiteren Cluster.

Die Methoden der klassischen Clusteranalyse werden grundlegend in hierarchische und partionierende Verfahren unterteilt, während das dichtebasierte Clustern ein neues, eigenständiges Verfahren darstellt. Eine weitere Differenzierung der bestehenden Algorithmen wird über die Berechnung der Ähnlichkeit durchgeführt. [80], [83]

Hierarchische Verfahren: Die hierarchischen Verfahren unterteilen sich in zwei Gruppen: Divisive Verfahren, bei denen zu Beginn alle Datenpunkte einem Cluster zugeordnet sind und sukzessive in mehrere Cluster aufgeteilt werden und agglomerative Verfahren, bei denen zu Beginn jeder Datenpunkt einem individuellen Cluster zugeordnet ist und die Cluster sukzessive zusammengefasst werden. Zur Bestimmung der Ähnlichkeit wird für die Datenpunkte eine Distanzmatrix berechnet. Hier wird bei numerischen Daten meist als Maß der euklidische Abstand gewählt und anschließend algorithmusspezifisch die Distanz zwischen den Clustern bestimmt. Bei den divisiven Verfahren bildet der Datenpunkt mit der größten Distanz ein neues Cluster und bei den agglomerativen Verfahren werden die Cluster mit der jeweils kleinsten Distanz zusammengefasst. Die geeignete Anzahl Cluster ist dann gefunden, wenn die Distanz für einen Schritt der Aufteilung bzw. Vereinigung, im Vergleich zu den vorherigen Schritten, sehr groß ist oder eine vorgegebene Distanz überschreitet. [80], [83]

Partitionierende Verfahren: Bei den partitionierenden Verfahren wird zu Beginn die Anzahl der Cluster definiert, per Zufallsprinzip werden die Startpunkte der Clusterzentren ermittelt und die Datenpunkte auf Grundlage ihrer Distanz zu den Clusterzentren dem nächstgelegenen Cluster zugeordnet. Anschließend wird iterativ ein algorithmusspezifisches Optimierungskriterium minimiert, indem die Clusterzentren angepasst und die Datenpunkte neu zugeordnet werden, bis als Ergebnis homogene Cluster entstanden sind. [80], [83]

Dichtebasierte Verfahren: Das dichtebasierte Clustern ist ein geometrisches Verfahren, bei dem aufgrund ihrer Ähnlichkeit sehr dicht beieinander liegende Datenpunkte durch geometrische Eigenschaften charakterisiert und zusammengefasst werden. Die Ähnlichkeit von Datenpunkten wird hierbei als ϵ-

Nachbarschaft bezeichnet, wobei der Parameter ϵ die maximale Distanz (bspw. den euklidischen Abstand) innerhalb der Nachbarschaft definiert. In Abbildung 3.7 sind die Nachbarschaften der Datenpunkte y_1, y_2, y_3 und y_4 als Kreise dargestellt. Die Datenpunkte werden weiterhin in Kern- und Randpunkte sowie Rauschen unterteilt. Als Rauschen werden die Datenpunkte bezeichnet, die innerhalb der ϵ-Nachbarschaft keine weiteren Datenpunkte besitzen. Ein Datenpunkt ist ein Kernpunkt (y_2 & y_3 in Abbildung 3.7), wenn eine definierte Minimalanzahl *MinPts* (*MinPts* = 5 in Abbildung 3.7) von weiteren Datenpunkten in dessen ϵ-Nachbarschaft liegen. Bei nicht Erfüllung dieses Kriteriums wird der Datenpunkt als Randpunkt bezeichnet (y_1 & y_4 in Abbildung 3.7). Die Beziehungen der Datenpunkte zueinander heißen:

- Direkte-Dichte-Erreichbarkeit: Wenn ein Datenpunkt y_2 ein Kernpunkt ist und ein Datenpunkt y_1 in dessen Nachbarschaft liegt, dann ist y_1 direkt Dichte-erreichbar von y_2.

- Dichte-Erreichbarkeit: Wenn ein Datenpunkt y_3 ein Kernpunkt ist und weitere Kernpunkte existieren, die direkt Dichte-erreichbar von y_1 zu y_3 führen, dann ist y_1 Dichte-erreichbar von y_3.

- Dichte-Verbindung: Wenn zwischen zwei Randpunkten y_1 und y_4 ein Kernpunkt y_2 existiert, von dem aus die Randpunkte Dichte-erreichbar sind, dann sind y_1 und y_4 Dichte-verbunden.

Ein dichtebasiertes Cluster bildet sich abschließend aus den dichteverbundenen Datenpunkten. [80]

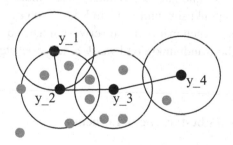

Abbildung 3.7: Darstellung der dichtebasierten Clusteranalyse; nach [80]

Der *Shared-Nearest-Neighbors* (SNN)-Algorithmus nach Ertöz et al. [50]
ist eine Kombination des dichtebasierten Verfahrens *Density-Based-Spatial-Clustering-of-Applications-with-Noise* (DBSCAN) nach Ester et al. [51] und
dem Jarvis-Patrick-Algorithmus [84]. Dabei wird beim SNN im Gegensatz
zum DBSCAN die Ähnlichkeit nicht über den euklidischen Abstand bestimmt,
sondern mittels des Jarvis-Patrick-Algorithmus ein SNN-Graph konstruiert und
aus diesem die Ähnlichkeit der Kartenpunkte bestimmt. Dazu werden für die
Kartenpunkte y_i und y_j mit dem kNN-Algorithmus die individuellen Listen
$NN(y_i)$ und $NN(y_j)$ mit den nächsten Nachbarn erstellt. Die Ähnlichkeit wird
über die Schnittmenge der Listen nach Gl. 3.14 berechnet. Die SNN-Dichte ist
schließlich definiert über die *similarity*-Werte der Nachbarn zu einem Datenpunkt. Respektive, sind die k-nächsten Nachbarn eines Datenpunktes, in Bezug
auf die Ähnlichkeit, nahe, d.h. diese weisen einen hohen *similarity*-Wert auf,
dann existiert an diesem Datenpunkt eine hohe Dichte. Der Parameter k muss
dazu festgelegt werden. [50]

$$similarity(y_i, y_j) = \text{size}(NN(y_i) \cap NN(y_j)) \qquad \text{Gl. 3.14}$$

Der SNN-Algorithmus berechnet für jeden Datenpunkt die SNN-Dichte unter
Verwendung des Parameters ϵ, welcher dabei die minimale *similarity* zwischen
den Datenpunkten definiert, und sucht unter Berücksichtigung des Parameters
MinPts, der Minimalanzahl Nachbarn, nach den Kernpunkten. Aus diesen werden die Cluster gebildet, wobei die Kernpunkte einem gemeinsamen Cluster
angehören, wenn diese innerhalb des Radius ϵ zueinander stehen. Alle Datenpunkte, die kein Kernpunkt sind und nicht im Radius von ϵ zu einem Kernpunkt
liegen, werden als Rauschen markiert und verworfen. Die abschließend übrigen
Datenpunkte sind die Randpunkte und werden dem nächstgelegenen Cluster
zugeordnet. [50]

3.2.4 Grundlagen des bestärkenden Lernens

Bestärkendes Lernen steht für eine ganze Reihe von Einzelmethoden, bei denen ein Softwareagent selbständig eine Strategie erlernt. Der Ablauf ist in
Abbildung 3.8 dargestellt. Ziel des Lernvorgangs ist, die Zahl an Belohnungen

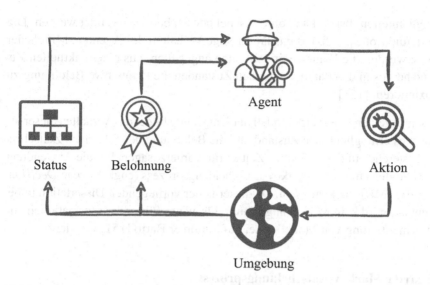

Abbildung 3.8: Darstellung des Ablaufs des bestärkenden Lernens; nach [151]

innerhalb einer Umgebung zu maximieren. Beim Training führt der Agent zu jedem Zeitschritt Aktionen innerhalb dieser Umgebung aus und erhält eine Rückmeldung (Status und Belohnung). Dabei wird dem Agenten vorab nicht gezeigt, welche Aktion in welchem Status die Beste ist. Vielmehr erhält er zu bestimmten Zeitpunkten auf Grundlage des aktuellen Zustands und der durchgeführten Aktion eine Belohnung. Während des Trainings lernt der Agent somit die Folgen von Aktionen auf Zustände in der Umgebung einzuschätzen. Auf dieser Basis kann er eine langfristige Strategie entwickeln, um die Belohnung zu maximieren. [151]

Neben den in Abbildung 3.8 aufgeführten Elementen Agent und Umgebung sowie den Ereignissen Aktion, Belohnung und Status, besteht das bestärkende Lernen aus den weiteren Bestandteilen Strategie, Wertefunktion und optional einem Modell der Umgebung. Die Strategie π beinhaltet das gelernte Verhalten eines Agenten und gibt an, welche Aktion bei einer beliebigen Zustandsvariante aus der Lernumgebung ausgeführt werden soll, um die kumulative Belohnung zu maximieren. Für die Darstellung der Strategie gibt es verschiedene

Möglichkeiten, bspw. kann eine Formel oder Tabelle verwendet werden. Die Wertefunktion spezifiziert das langfristige Verhalten des Agenten. Mittels der Werte werden die Wahrscheinlichkeiten angegeben, aus einem aktuellen Zustand heraus in den daraus folgenden Zuständen die kumulative Belohnung zu maximieren. [151]

Das im Agenten integrierte Modell der Umgebung bildet das Verhalten dieser ab, indem es ermöglicht, den Zustand und die Belohnung des folgenden Zeitschrittes, basierend auf dem aktuellen Zeitschritt, vorherzusagen. Für die Anwendung eines Modells muss der Markov-Entscheidungsprozess (engl. *Markov-Decision-Process*) (MDP) bekannt sein. Da dieser in der vorliegenden Dissertation unbekannt ist, wird kein Modell angewandt. Für weiterführende Informationen zur Implementierung von Modellen sei auf Sutton & Barto [151] verwiesen.

Diskreter Markov-Entscheidungsprozess

Formell kann das bestärkende Lernen als MDP beschrieben werden. Die in Kapitel 2.3.1 eingeführte diskrete Markov-Kette wird hierbei erweitert und besteht im diskreten MDP aus den folgenden fünf Elementen [6]:

- der diskreten Menge von Zuständen $S = \{S_1, \ldots, S_{N_S}\}$ für N_S mögliche Zustände, wobei $S_t \in S$ und $s \in S$
- der diskreten Menge von Aktionen $\mathcal{A} = \{A_1, \ldots, A_{N_A}\}$ für N_A mögliche Aktionen, wobei $A_t \in \mathcal{A}$ und $a \in \mathcal{A}$
- der Belohnungsfunktion $\mathcal{R}(S_t, A_t, S_{t+1})$, wobei $R_t \in \mathcal{R}$ und $r \in \mathcal{R}$
- der TPM $\mathcal{P}(S_{t+1} \mid S_t, A_t)$
- dem Discount-Faktor γ mit $0 \leq \gamma < 1$

Die Markov-Eigenschaft nach Gl. 2.1 wird entsprechend Gl. 3.15 neu formuliert und muss von allen Zuständen der Umgebung erfüllt werden, damit die Umgebung ein MDP ist. Gl. 3.15 besagt, dass alle relevanten Informationen der Vergangenheit im aktuellen Zustand beinhaltet sind und die Übergangswahrscheinlichkeit in den folgenden Zustand nur vom direkt vorausgehenden abhängt. Dadurch ist die Zukunft in Bezug auf den aktuellen Zustand bedingt unabhängig von der Vergangenheit.

$$\mathcal{P}(S_{t+1} \mid S_t, A_t) = \mathcal{P}(S_j \mid S_i, A_i) = p_{i\mid j} \qquad \text{Gl. 3.15}$$

Bei der Strategie π wird in die deterministische Strategie $\pi : S \to A$ und die stochastische Strategie $\pi : S \times A \to [0, 1]$ unterteilt. Die stochastische Strategie $\pi(a, s)$ ist eine Abbildung von Zuständen auf eine Wahrscheinlichkeitsverteilung über Aktionen: $\pi : S \to p(A = a \mid S)$ und wird angewandt. [151]

Damit der Agent eine Entscheidung über die nächste zu wählende Aktion für ein optimales Verhalten treffen kann, benötigt dieser Anweisungen zur Bestimmung der erwarteten kumulativen Belohnung G, weiterhin als Ertrag bezeichnet, die sich aus der Summe zukünftiger Belohnungen ergibt. Dazu wird das Modell des diskontierten unendlichen Zeithorizonts nach Gl. 3.16 angewandt [87]. Die Belohnungen in der Zukunft werden über den Discount-Faktor γ geometrisch reduziert. Dies wird genutzt, um die Wichtigkeit von nahegelegenen oder zukünftigen Belohnungen zu implizieren. Aus der Sicht des Agenten steht nur die unmittelbare Belohnung nach der Ausführung einer Handlung zur Verfügung. Da der Agent aber aufgrund der Beziehungen auf zukünftige Belohnungen optimieren muss, kann die Belohnungsfunktion zukünftige Belohnungen nicht ausschließen. Deswegen wird mit der Beziehung aus Gl. 3.16 die erwartete Belohnung nach Gl. 3.17 umgestellt. [151]

$$G_t = R_{t+1} + \gamma R_{t+2} + \gamma^2 R_{t+3} + \gamma^3 R_{t+4} + \cdots = \sum_{k=0}^{\infty} \gamma^k R_{t+1+k} \qquad \text{Gl. 3.16}$$

$$G_t = R_{t+1} + \gamma (R_{t+2} + \gamma R_{t+3} + \gamma^2 R_{t+4} + \dots) = R_{t+1} + G_{t+1} \qquad \text{Gl. 3.17}$$

Mit dem Ertrag wird der Wert der Zustände und der Aktionen bestimmt. Dazu existieren die Zustandswertefunktion $V(s)$ und die Aktionswertefunktion $Q(s, a)$. Für einen Zustand $s \in S$ wird mit der Zustandswertefunktion nach Gl. 3.18 für die Strategie π und die k zukünftigen Zeitschritte der erwartete Ertrag prädiziert. Analog wird für eine gewählte Aktion $a \in \mathcal{A}$ im Zustand $s \in S$ und Strategie π folgend die Aktionswertefunktion nach Gl. 3.19 aufgestellt. [151]

$$V_\pi(s) = \mathbb{E}_\pi\left[\sum_{k=0}^{\infty} \gamma^k R_{t+1+k} \mid S_t = s\right] \qquad \text{Gl. 3.18}$$

$$Q_\pi(s,a) = \mathbb{E}_\pi\left[\sum_{k=0}^{\infty} \gamma^k R_{t+1+k} \mid S_t = s, A_t = a\right] \qquad \text{Gl. 3.19}$$

Zur Lösung von V_π und Q_π nutzt das bestärkende Lernen die fundamentale Eigenschaft der Wertefunktionen, rekursive Beziehungen zu erfüllen. Damit lässt sich für die Strategie π und den Zustand s die Konsistenzbeziehung zwischen dem Wert von s und dem Wert seiner möglichen Nachfolgezustände s' nach Gl. 3.20 aufstellen. Gl. 3.20 ist die Bellman-Gleichung [13] für die Zustandswertefunktion V_π. Die Bellman-Gleichung der Aktionswertefunktion für die nachfolgenden Aktionen a' ist Gl. 3.21. [151]

$$V_\pi(s) = \sum_a \pi(a \mid s) \sum_{s'} \mathcal{P}(s' \mid s,a)[\mathcal{R}(s,a,s') + \gamma V_\pi(s')] \qquad \text{Gl. 3.20}$$

$$Q_\pi(s,a) = \sum_{s'} \mathcal{P}(s' \mid s,a)[\mathcal{R}(s,a,s') + \gamma \sum_{a'} \pi(a' \mid s')Q_\pi(s',a')] \qquad \text{Gl. 3.21}$$

Das Ziel bestärkenden Lernens ist, eine optimale Strategie π_* zu finden, welche die maximale erwartete Belohnung aus allen Zuständen erzielt. Mit der Bellman-Gleichung wird der Zustandswert berechnet und für jeden Zustand die geschätzte mögliche Belohnung dargestellt. Aus der optimalen Zustandswertefunktion in Gl. 3.22 lässt sich die optimale Strategie π_* bestimmen. Durch die Kenntnis jeder möglichen Belohnung kann der Agent den optimalen Pfad wählen, indem er diejenige Aktion wählt, welche die Wertefunktion maximiert. Die optimale Aktionswertefunktion ist in Gl. 3.23 aufgeführt. [151]

$$V_*(s) = \max_\pi V_\pi(s) \qquad \text{Gl. 3.22}$$

$$Q_*(s,a) = \max_\pi Q_\pi(s,a) \qquad \text{Gl. 3.23}$$

Die optimale Zustandswertefunktion V_* erfüllt die Konsistenzbedingung der Bellman-Gleichung nach Gl. 3.20, unter der Vereinfachung, dass diese nicht auf spezifische Strategien referenziert werden muss. Daraus ergibt sich Gl. 3.24, die zur Bellman-Optimalitätsgleichung Gl. 3.25 für V_* aufgelöst wird. Diese besagt, dass der Wert eines Zustandes unter einer optimalen Strategie gleich dem erwarteten Ertrag für die beste Aktion in diesem Zustand sein muss. Die Bellman-Optimalitätsgleichung für Q_* ist in Gl. 3.26 aufgeführt. [151]

$$V_*(s) = \max_{a \in A(s)} Q_{\pi_*}(s,a) \qquad \text{Gl. 3.24}$$

$$V_*(s) = \max_a \sum_{s'} \mathcal{P}(s' \mid s,a)[\mathcal{R}(s,a,s') + \gamma V_*(s')] \qquad \text{Gl. 3.25}$$

$$Q_*(s,a) = \sum_{s'} \mathcal{P}(s' \mid s,a)[\mathcal{R}(s,a,s') + \gamma \max_{a'} Q_*(s',a')] \qquad \text{Gl. 3.26}$$

Die Bellman-Optimalitätsgleichungen stellen die Lösung des MDP dar, sind aufgrund der Maximalfunktion aber algebraisch nicht direkt lösbar. Diesbezüglich werden numerische Methoden (bspw. die dynamische Programmierung, Monte-Carlo-Methoden und *Temporal-Difference* (TD)-Methoden) zur Lösungsfindung von MDP angewandt. Die TD-Methoden werden im Rahmen des Q-Lernens für die vorliegende Dissertation verwendet. Für die weiteren numerischen Verfahren zur Lösungsfindung sei auf Sutton & Barto [151] verwiesen.

Q-Lernen

Zur Lösung des vorgestellten MDP wird das Q-Lernen verwendet. Da dieses ausschließlich für die Lösung der optimalen Aktionswertefunktion $Q_*(s,a)$ angewandt wird, werden die Erläuterungen anhand $Q(s,a)$ durchgeführt. Ausgehend von einem initialen Zustand S_t wird eine Aktion A_t mit der gewählten Strategie π bestimmt, die zu dem darauf folgenden Zustand S_{t+1} führt. Die einfachste Strategie für die Auswahl der Aktion ist das Greedy-Verfahren nach Gl. 3.27. Dabei wird die Aktion mit dem größten Aktionswert im aktuellen Zustand ausgewählt. [151]

$$\pi(a \mid s) = \arg\max_{a \in A} Q(s, a) \qquad \text{Gl. 3.27}$$

Das Greedy-Verfahren hat den Nachteil, dass der Agent dazu neigt, das vorhandene Wissen über die Umgebung auszunutzen und dabei die Erkundung nach möglichen besseren Lösungen zu vernachlässigen. Diese Eigenschaft des bestärkenden Lernens ist bekannt als Zielkonflikt zwischen Exploration und Exploitation. Bei der Exploration soll der Agent die Umgebung erkunden, indem er neue Zustandspfade auswählt und dadurch weitere Informationen über die Umgebung erhält. Dagegen nutzt der Agent bei der Exploitation die bereits bekannten Informationen, um eine höhere Belohnung zu erhalten. Zur Anpassung des Verhältnisses zwischen Exploration und Exploitation für die Erzielung eines optimalen Lernergebnisses wurde das Greedy-Verfahren zum ε-Greedy-Verfahren erweitert. Die Wahrscheinlichkeit ε gibt an, ob eine Aktion nach dem Greedy-Verfahren anhand Gl. 3.27 (Exploitation) oder zufällig (Exploration) gewählt wird. Durch Anpassung von ε im Laufe des Lernprozesses wird das Verhältnis zwischen Exploration und Exploitation dahingehend verändert, dass zu Beginn des Lernprozesses die Exploration und zum Ende die Exploitation überwiegt. [151]

Neben dem ε-Greedy-Verfahren ist das Softmax-Verfahren eine weitere verbreitete Strategie innerhalb des bestärkenden Lernens. Hierbei werden den möglichen diskreten Aktionen nach Gl. 3.28 Auswahlwahrscheinlichkeiten zugewiesen, basierend auf der Aktionswertefunktion $Q(s, a)$. Die Aktion nach Gl. 3.27 erhält dabei die höchste Auswahlwahrscheinlichkeit und die anderen Alternativen sind nach ihren geschätzten Werten aus $Q(s, a)$ gewichtet. Dadurch wird eine Balancierung zwischen Exploration und Exploitation erreicht, wobei im Gegensatz zum ε-Greedy-Verfahren die Auswahl von sehr unwahrscheinlichen Aktionen begrenzt wird. [151]

$$\pi(a \mid s) = \frac{e^{Q(s,a)}}{\sum_{a'=A_1}^{A_{N_A}} e^{Q(s,a')}} \qquad \text{Gl. 3.28}$$

Nachdem die gewählte Aktion innerhalb der Umgebung ausgeführt wurde, nimmt diese zum Zeitpunkt $t + 1$ den Zustand S_{t+1} an und gibt die Belohnung R_{t+1} aus. Mit diesen Erfahrungen wird die Wertefunktion durch die

TD-Methode nach Gl. 3.29 aktualisiert. Diese Aktualisierung kann in jedem Zeitschritt durchgeführt werden, sofern die für das TD notwendige Vorgabe $R_{t+1} + \gamma\, Q(S_{t+1}, A_{t+1})$ vorhanden ist. [151]

$$Q(S_t, A_t) = Q(S_t, A_t) + \alpha[R_{t+1} + \gamma\, Q(S_{t+1}, A_{t+1}) - Q(S_t, A_t)] \qquad \text{Gl. 3.29}$$

Das Q-Lernen verwendet die TD-Methode zur Lösung der Bellman-Optimalitäts-gleichung der Aktionswertefunktion $Q_*(s, a)$ nach Gl. 3.30. Dieses Vorgehen wird *Off-Policy* genannt, da die Strategie unabhängig davon aktualisiert werden kann, wann die Daten gesammelt wurden und wie der Agent die Umgebung zu diesem Zeitpunkt erkundet hat. Die Aktualisierung der Aktionswerte geschieht anhand des nächsten Zustandes S_{t+1} und der Annahme einer Greedy-Strategie für die Auswahl der Aktion A_{t+1}. Dies wird in Gl. 3.30 durch den Term $\max_a Q(S_{t+1}, a)$ ausgedrückt und ist damit unabhängig von der gewählten Strategie zur Exploration und Exploitation. Die Lernrate α gewichtet hierbei das Verhältnis der neu erhaltenen Werte während des Lernens zu den bereits vorhandenen Werten der Aktionswertefunktion. [158]

$$Q(S_t, A_t) = Q(S_t, A_t) + \alpha\left(R_{t+1} + \gamma \max_a Q(S_{t+1}, a) - Q(S_t, A_t)\right) \qquad \text{Gl. 3.30}$$

Die Lösung des MDP durch das Q-Lernen ist ein iterativer Prozess, bei dem die Aktionswertefunktion $Q(s, a)$ der optimalen $Q_*(s, a)$ kontinuierlich angenähert wird, wenn jede mögliche Aktion in jedem Zustand unendlich oft gewählt wird [159]. Entscheidend ist dabei, dass nicht die erste zum Ziel führende Handlungssequenz als Ergebnis genutzt wird. Das Q-Lernen nutzt die Exploration, um ständig andere Pfade zu testen, die neue und ggf. lohnendere, zum Ziel führende Handlungssequenzen erzeugen. Am Prozessende hat jede Kombination von Zuständen eine optimale Aktion, durch welche die erwartete Belohnung maximiert wird. Diese Kombinationen von Zuständen und optimalen Aktionen werden gespeichert und als Q-Werte bezeichnet. In einer Umgebung mit einer geringen Anzahl von Zuständen und Aktionen können diese Werte in einer Tabelle gespeichert werden, dies wird als tabellarisches Q-Lernen bezeichnet. Die Größe der Tabelle ist auf die Anzahl der verfügbaren Zustände und Aktionen festgelegt. Der Q-Wert wird bei jeder Iteration nur für die spezifischen Zustände aktualisiert, wodurch eine tabellarische Wissensbasis der besten Aktionen an jeder Stelle entsteht.

Für größere Umgebungen mit mehreren und teilweise kontinuierlichen Zuständen erreicht die tabellarische Abbildung aufgrund der Datenmenge ihre Grenzen. Das tiefe Q-Lernen (engl. *Deep Q-learning*) (DQL) ist die aus diesem Grund erfolgte Weiterentwicklung des Q-Lernens. Die Tabelle der Q-Werte wird hierbei durch ein künstliches neuronales Netz (KNN) approximiert, dessen Training stattfindet, während der Algorithmus die Umgebung erkundet.

Künstliche neuronale Netze

KNN ist ein Oberbegriff für eine Reihe an ML-Methoden, die, inspiriert durch Aufbau und Funktionsweise des menschlichen Gehirns, aus mehreren verbundenen Neuronen bestehen. Die Neuronen in KNN sind durch die Gewichtsmatrix W und das Bias b definiert. Nach Gl. 3.31 wird jedes Eingangssignal x des Neurons individuell gewichtet und anschließend zum Ergebnis das Bias addiert. Der Ausgang a_{NN} des Neurons wird anhand einer Aktivierungsfunktion bewertet. [18] [103]

$$a_{NN} = Wx + b \qquad\qquad \text{Gl. 3.31}$$

Die Aktivierungsfunktion dient dazu, nicht-lineare, zufällige Zusammenhänge zwischen den Eingangsdaten und der Ausgabe darzustellen und somit komplexe Informationen aus den Daten zu extrahieren. Um dies zu realisieren, darf die Aktivierungsfunktion ebenfalls nicht-linear sein. Mit Bezug auf den folgenden Trainingsvorgang des KNN muss die Aktivierungsfunktion zudem die Eigenschaft der Differenzierbarkeit aufweisen. Funktionen, die beide Bedingungen erfüllen, sind bspw. die bereits in Gl. 3.28 vorgestellte Softmax-Funktion sowie die Sigmoid-Funktion nach Gl. 3.32 und die hyperbolische Tangensfunktion nach Gl. 3.33. Alle drei Funktionen dienen gleichzeitig der Skalierung der Daten, wobei die Softmax- und Sigmoid-Funktion den Ausgang auf das Intervall $\{a_{NN} \in \mathbb{R} | 0 \le a_{NN} \le 1\}$ und die hyperbolische Tangensfunktion tanh den Ausgang auf das Intervall $\{a_{NN} \in \mathbb{R} | -1 \le a_{NN} \le 1\}$ begrenzen. Die Kombination aus Neuron und Aktivierungsfunktion wird als Perzeptron bezeichnet. [18] [103]

$$\varsigma(a_{NN}) = \frac{1}{1 + \exp(a_{NN})} \qquad\qquad \text{Gl. 3.32}$$

$$\tanh(a_{NN}) = \frac{2}{1 + \exp(-2a_{NN})} - 1 \qquad\qquad \text{Gl. 3.33}$$

Durch die lineare Verbindung mehrerer Perzeptronen zu Schichten (engl. *Layer*) können nicht lineare Beziehungen innerhalb der Eingangsdaten abgebildet werden. Ein mehrschichtiges Perzeptron (engl. *Multilayer-Perceptron*) (MLP) ist die anschließende serielle Kopplung mehrerer Schichten zu einem Netzwerk. Dieses wird auch als vorwärtsgekoppelt bezeichnet, da die Verbindungen innerhalb der Netzstruktur ausschließlich von den Perzeptronen einer Schicht zu denen der folgenden existieren. Im Gegensatz dazu verfügen die rekurrenten neuronalen Netze (RNNs) über Verbindungen von einer Schicht zu den Perzeptronen derselben oder einer vorangegangenen Schicht. Dadurch stehen die Informationen aus dem vorherigen Bearbeitungsschritt als Zustand im aktuellen zur Verfügung. Diese Rückkopplung ist insbesondere für die Abbildung zeitbasierter Sequenzen von Vorteil, da im Gegensatz zu MLP der zeitliche Bezug der Eingangsdaten berücksichtigt wird. Gl. 3.31 wird unter Berücksichtigung des Zustands des vorherigen Zeitschritts $h(t-1)$ zu Gl. 3.34 erweitert, indem dieser mit der Matrix U gewichtet wird. Der Zustand $h(t)$ des RNN wird hierbei unter Annahme der Aktivierungsfunktion tanh nach Gl. 3.35 berechnet. [29], [30]

$$a_{NN}(t) = Wx(t) + Uh(t-1) + b \qquad\qquad \text{Gl. 3.34}$$

$$h(t) = \tanh\big(a_{NN}(t)\big) \qquad\qquad \text{Gl. 3.35}$$

Da das Ziel der Dissertation die Generierung eines zeitbasierten Prüfzyklus ist, sind die RNN für die Zielsetzung am geeignetsten. Nach Cho et al. [28] ist die aktuellste Entwicklung innerhalb der RNN die *Gated-Recurrent-Unit* (GRU), welche das bis hier vorgestellte Perzeptron des RNN um ein Update-Gate und

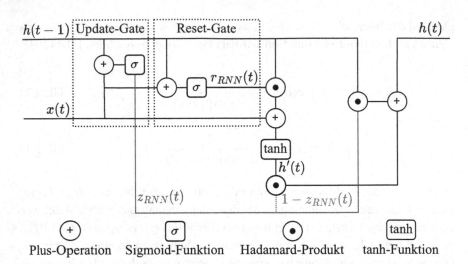

Abbildung 3.9: Darstellung einer GRU; nach [101]

ein Reset-Gate erweitert, dargestellt in Abbildung 3.9. Diese werden unter Verwendung der Sigmoid-Aktivierungsfunktion nach Gl. 3.36 und Gl. 3.37 berechnet. Das Update-Gate bestimmt, wie viele der Informationen aus vergangenen Zeitschritten an die folgenden weitergegeben werden. Im Gegensatz dazu bestimmt das Reset-Gate, wie viele Informationen aus den vergangenen Zeitschritten vergessen werden. Der Unterschied der beiden Gates liegt hierbei in den Gewichtsmatrizen. [28], [30], [101]

$$z_{RNN}(t) = \varsigma\left(W_z x(t) + U_z h(t-1)\right) \qquad \text{Gl. 3.36}$$

$$r_{RNN}(t) = \varsigma\left(W_r x(t) + U_r h(t-1)\right) \qquad \text{Gl. 3.37}$$

Die Berechnung des Zustandes der GRU erfolgt anschließend über zwei Schritte. Im ersten Schritt wird Gl. 3.34 unter Verwendung der Aktivierungsfunktion tanh und unter Berücksichtigung des Reset-Gates in Gl. 3.38 überführt. Dabei wird mit dem Hadamard-Produkt ∘ aus $r_{RNN}(t)$ und $h(t-1)$ bestimmt, welche Informationen aus dem vorherigen Zeitschritt entfernt werden. Im zweiten

Schritt wird nach Gl. 3.39 der aktuelle Zustand $h(t)$ der GRU berechnet. Das Update-Gate bestimmt dabei die Verteilung zwischen dem aktuellen Speicherinhalt $h'(t)$ der GRU und dem Zustand des vorherigen Zeitschritts $h(t-1)$. Abschließend wird der Zustand $h(t)$ an das Netzwerk weitergegeben, welches aus einer Vielzahl an kombinierten GRUs bestehen kann. [28], [30], [101]

$$h'(t) = \tanh\Big(Wx(t) + U(r_{RNN}(t) \circ h(t-1))\Big) \qquad \text{Gl. 3.38}$$

$$h(t) = z_{RNN}(t) \circ h(t-1) + (1 - z_{RNN}(t)) \circ h'(t) \qquad \text{Gl. 3.39}$$

Das Training eines GRU-Netzwerks - weiterhin als Modell bezeichnet - erfolgt anhand einer gewählten Kostenfunktion nach dem Gradientenabstiegsverfahren innerhalb des Algorithmus Backpropagation durch die Zeit (engl. *Backpropagation-through-Time*) (BPTT). Ziel des Trainings ist, die Modellgüte durch Minimierung der Kostenfunktion zu erhöhen. Diese ist hierbei abhängig von der Problemstellung und fasst die Modellgüte in einem Kennwert $\mathcal{L}$ zusammen. Abhängig von $\mathcal{L}$ werden die trainierbaren Parameter (Gewichte und Bias) des Modells angepasst, indem die Gradienten durch *Backpropagation* berechnet und mit einer Lernrate α aktualisiert werden. In Gl. 3.40 ist dies bspw. für die Gewichtsmatrix W dargestellt. Für die detaillierte Berechnung der Gradienten mittels BPTT sei auf Goodfellow et al. [65] verwiesen. In dieser Arbeit wird für das Training der Optimierer Adam nach Kingma et al. [97] eingesetzt.

$$W(t+1) = W(t) - \alpha \frac{\partial \mathcal{L}}{\partial W} \qquad \text{Gl. 3.40}$$

Tiefes Q-Lernen

Das DQL ist eine Kombination aus bestärkendem Lernen und KNN zur Lösung von Entscheidungsproblemen innerhalb hochdimensionaler Umgebungen. Im Gegensatz zum dynamischen Lernen mittels Versuch & Irrtum beim tabellarischen Q-Lernen lernt das DQL von bestehendem Wissen. Es basiert auf der Arbeit von Mnih et al. [114], die für das Q-Lernen die Tabelle der Q-Werte durch ein tiefes Q-Netzwerk (engl. *Deep Q-network*) (DQN) ersetzt haben. Bestärkendes Lernen mit KNN galt bis dahin als sehr instabil, da kleine Veränderungen innerhalb des KNN zu erheblichen Veränderungen in der Strategie des Agenten führen konnten. Die Autoren stellen zwei Ideen vor, um dies zu umgehen: Erfahrungswiederholung und Verwendung von zwei Netzen.

Bei der Erfahrungswiederholung (engl. *Experience-Replay*) werden die Erfahrungen des Agenten $E_t = (S_t, A_t, R_t, S_{t+1})$ zu jedem Zeitschritt in einem begrenzten Datensatz gespeichert. Aus dem Datensatz werden anschließend für den Lernvorgang Beispiele (s, a, r, s') gleichmäßig nach dem Zufallsprinzip gezogen. Der Datensatz dient hierbei als Zwischenspeicher, in welchem eine definierte Anzahl an Erfahrungen gespeichert und anschließend durch neue Erfahrungen ersetzt werden. Der Vorteil der Erfahrungswiederholung besteht darin, dass Korrelationen in der Beobachtungssequenz beseitigt und Schwankungen in der Datenverteilung ausgeglichen werden. Dies wird möglich, da die Erfahrungsbeispiele für den Lernvorgang nicht in der gleichen Reihenfolge verwendet werden müssen, in der sie gespeichert wurden sowie eine Mehrfachverwendung der Erfahrungen stattfinden kann. Auf diese Weise werden Erfahrungen aus verschiedenen Teilen der Umgebung gesammelt, die dann zur Aktualisierung der Strategie herangezogen werden können. [114]

Für den Lernvorgang werden im DQN zwei KNN verwendet: ein Q-Netz und ein Zielnetz. Beide KNN bestehen aus der gleichen Netzwerkstruktur und unterscheiden sich in den verwendeten trainierbaren Parametern θ. Das Zielnetz dient als Referenz für das Q-Netz, wobei die Netzwerk-Parameter θ^- des Zielnetzes ausschließlich nach einer definierten Anzahl an Trainingsschritten mit denen des Q-Netzes aktualisiert werden. Gl. 3.30 des Q-Lernens wird durch Verwendung der zwei KNN mit den Parametern θ_t und θ_t^- zu Gl. 3.41 erweitert. [114]

$$Q(S_t, A_t; \theta_t) = Q(S_t, A_t; \theta_t) + \alpha \Big(R_{t+1} + \gamma \max_a Q(S_{t+1}, a; \theta_t^-) - Q(S_t, A_t; \theta_t) \Big)$$
$$\text{Gl. 3.41}$$

Für das Training des Q-Netzes wird aus Gl. 3.41 der TD-Fehler im Iterationsschritt i zur Berechnung der Kostenfunktion $\mathcal{L}_{DQ}$ nach Gl. 3.42 verwendet. [114]

$$\mathcal{L}_{DQ} = \Big(r + \gamma \max_{a'} Q(s', a'; \theta_i^-) - Q(s, a; \theta_i) \Big)^2 \qquad \text{Gl. 3.42}$$

Tiefes Q-Lernen von Demonstrationen

Die direkte Anwendung des DQN benötigt für den Lernvorgang 10 - 50 Millionen Trainingsschritte [114], da der Agent zu Beginn keinerlei Wissen über die Umgebung hat. Im vorliegenden Kontext bedeutet dies, dass der Agent zuerst lernen muss, wie ein Prüfzyklus aussieht. Das Vorgehen ist äquivalent zur Anwendung des Q-Lernens auf eine zu Beginn „leere" TPM, die durch Versuch & Irrtum „befüllt" wird. Demgegenüber kann analog dem Markov-Ketten-Verfahren aus Kapitel 2.3.1 die TPM in einem initialen Lernvorgang anhand vorhandener Messdaten vortrainiert werden. Die Umsetzung dieses Vorgehens für KNN bildet das Lernen durch Nachahmung, welches innerhalb des von Hester et al. [77] vorgestellten tiefes Q-Lernen von Demonstrationen (engl. *Deep-Q-learning-from-Demonstrations*) (DQfD)-Algorithmus angewandt wird. Dieser basiert auf dem DQN und wurde durch eine Adaption der Erfahrungswiederholung sowie der Kostenfunktion angepasst.

Die Erfahrungswiederholung wird im DQfD im Gegensatz zum DQN nach Schaul et al. [140] priorisiert ausgeführt. Dazu wird für die Erfahrungen eine Priorität eingeführt, die aus dem letzten TD-Fehler der jeweiligen Erfahrung berechnet wird. Die Priorität einer Erfahrung gibt dabei an, wie geeignet eine Erfahrung für das Training des KNN ist. Je größer der TD-Fehler und die daraus resultierende Priorität ist, desto größer ist die nach Gl. 3.42 und Gl. 3.40 folgende Anpassung der trainierbaren Parameter des KNN und schlussfolgernd der erzielte Lernfortschritt. Aus diesem Grund werden die höher priorisierten Erfahrungen für den Lernvorgang häufiger ausgewählt. Dies führt jedoch zu einer Verzerrung, da die Verteilung der Erfahrungen nicht mehr der ursprünglichen entspricht. Zur Korrektur der Verzerrung werden die Aktualisierungen des KNN mit den Gewichten der Wichtigkeitsstichprobe (engl. *Importance-Sampling*) (IS) ausgeglichen. [140]

Die Kostenfunktion des DQN muss für den DQfD erweitert werden, damit der Agent in einer Vortrainingsphase anhand von Demonstrationen lernen kann. Dazu wird der in Gl. 3.42 aufgeführte 1-Schritt-Doppel-Q-Lernen-Verlust $\mathcal{L}_{DQ}(Q)$ für das KNN Q durch einen n-Schritt-Doppel-Q-Lernen-Verlust $\mathcal{L}_{nDQ}(Q)$, einen überwachten Klassifizierungsverlust $\mathcal{L}_E(Q)$ und einen L2-Regularisierungsverlust $\mathcal{L}_{L2}(Q)$ erweitert. Die Berechnung des $\mathcal{L}_{nDQ}(Q)$ erfolgt analog dem $\mathcal{L}_{DQ}(Q)$ für den n-ten folgenden Schritt (hier $n = 10$) und trägt dazu bei, dass der zeitliche Verlauf innerhalb der Demonstrationen auf die früheren Zustände übertragen werden kann. Dies führt nach Hester et al. [77] zu einem besseren Vortraining. Der Klassifizierungsverlust wird nach Gl. 3.43 berechnet, wobei a_E die Aktion aus der Demonstration im Zustand s ist und $l(a_E, a)$ eine Randfunktion. Die Randfunktion wird zu null, wenn $a = a_E$, ansonsten ist sie positiv (nach Hester et al.: $l(a_E, a) = 0,8$ für $a \neq a_E$). Der Regularisierungsverlust $\mathcal{L}_{L2}(Q)$ wird auf die Gewichte und Bias des Netzwerks angewandt, um eine Überanpassung auf den Demonstrationsdatensatz zu verhindern. [77]

Die Verluste $\mathcal{L}_E(Q)$ und $\mathcal{L}_{L2}(Q)$ werden für die Klassifizierung der Aktionen aus den Demonstrationen verwendet, während die Q-Lernen-Verluste sicherstellen, dass das KNN die Bellman-Gleichung erfüllt und als Ausgangspunkt für das TD-Lernen verwendet werden kann. Die vier Verluste werden nach Gl. 3.44 zu einem Gesamtverlust zusammengefasst, dabei steuern die Parameter λ_1, λ_2 & λ_3 die Gewichtung zwischen den Verlusten. [77]

$$\mathcal{L}_E = \max_{a \in A}[Q(s,a) + l(a_E, a)] - Q(s, a_E) \qquad \text{Gl. 3.43}$$

$$\mathcal{L}(Q) = \mathcal{L}_{DQ}(Q) + \lambda_1 \mathcal{L}_{nDQ}(Q) + \lambda_2 \mathcal{L}_E(Q) + \lambda_3 \mathcal{L}_{L2}(Q) \qquad \text{Gl. 3.44}$$

In der Vortrainingsphase lernt der Agent ausschließlich aus den Demonstrationen und beginnt im Anschluss die Umgebung zu erkunden. Die Demonstrationen sowie die generierten Erfahrungen werden dabei im gleichen Datensatz gespeichert. Erreicht dieser sein gewähltes Speicherlimit, werden ausschließlich die generierten Erfahrungen überschrieben. Die Demonstrationen bleiben für den gesamten Lernvorgang im Datensatz erhalten. Für die Berechnung der Kostenfunktion gilt die Besonderheit, dass für die Demonstrationen alle vier Verluste angewandt werden, wohingegen für die generierten Erfahrungen der überwachte Verlust nicht berücksichtigt wird ($\lambda_2 = 0$). [77]

4 Flottendatenauswertung

Die Analyse der Flottendaten hinsichtlich Fehlerbedingungen bildet die Grundlage für die Generierung von Prüfzyklen. In Kapitel 4.1 wird die entwickelte Methodik zur Ermittlung der relevanten Fehlerbedingungen vorgestellt. Anschließend werden in Kapitel 4.2 weitere Einflussfaktoren für die Prüfzyklengenerierung aus den Flottendaten identifiziert. Den Abschluss bildet in Kapitel 4.3 ein Zwischenfazit, in dem auf die erste Forschungsfrage eingegangen wird.

4.1 Methode zur Analyse der Fehlerbedingungen

Als Grundlage für die Methode zur Analyse der Fehlerbedingungen stehen die in Kapitel 2.2.3 eingeführten Prozesse des *Data-Mining* zur Verfügung. Nach Azevedo & Santos [8] können die Prozesse SEMMA und CRISP-DM als Implementierung des KDD angesehen werden. SEMMA ist eine spezifische Anpassung des KDD-Prozesses auf die *SAS Enterprise Miner Software*. CRISP-DM erweitert den KDD-Prozess, indem es diesen in den Kontext zum Geschäftsverständnis setzt. Da die einzelnen Schritte der drei Prozesse ineinander überführbar sind, siehe Tabelle 4.1 und sowohl SEMMA als auch CRISP-DM auf dem KDD-Prozess aufbauen, wird für die Flottendatenauswertung der KDD-Prozess als Grundlage gewählt. [8]

Die angewandte Vorgehensweise bei der Flottendatenauswertung orientiert sich an den fünf Schritten des KDD-Prozesses und ist in Abbildung 4.1 dargestellt. Ziel ist, die Lastkollektive der fehlerhaften Fahrzeuge mit den Lastkollektiven der fehlerfreien zu vergleichen. Dabei sollen Gemeinsamkeiten innerhalb der Lastkollektive der fehlerhaften Fahrzeuge gefunden werden, die diese zu den fehlerfreien unterscheiden. Da der Datensatz aus einer Vielzahl an Lastkollektiven besteht und ein Lastkollektiv mehrere einzelne Klassen haben kann, werden Methoden des ML für das Erkennen der Zusammenhänge und Unterschiede verwendet.

© Der/die Autor(en), exklusiv lizenziert an
Springer Fachmedien Wiesbaden GmbH, ein Teil von Springer Nature 2024
A. Ebel, *Generierung von Prüfzyklen aus Flottendaten mittels bestärkenden Lernens*, Wissenschaftliche Reihe Fahrzeugtechnik Universität Stuttgart,
https://doi.org/10.1007/978-3-658-44220-0_4

Tabelle 4.1: Vergleich der Übereinstimmungen zwischen KDD, SEMMA
und CRISP-DM; nach [8]

KDD	SEMMA	CRISP-DM
Pre-KDD	-	Geschäftsverständnis
Auswahl	Auswählen	Datenverständnis
Bereinigung	Erkunden	
Transformation	Ändern	Datenaufbereitung
Data-Mining	Modellieren	Modellierung
Interpretation/Evaluation	Bewerten	Evaluation
Post-KDD	-	Einsatz

Die erste Stufe des KDD-Prozesses bildet die Auswahl der Daten. Die Analyse
der Fehlerbedingungen basiert auf den in Kapitel 3.1 vorgestellten Flottendaten,
welche aus den Lastkollektiv- und Werkstattdaten des betrachteten BEV zusammengesetzt werden. Die folgende Vorstellung der Methode erfolgt anhand
Fehler A aus Tabelle 3.2. Die Ergebnisse für Fehler B sind in Anhang A.2
aufgeführt.

Die Auswertung der Flottendaten erfolgt nach Abbildung 4.1 anhand von drei
Durchläufen des KDD-Prozesses. Im ersten Durchlauf wird bei der Datenaufbereitung in Kapitel 4.1.1 der Datensatz initial bereinigt und für die folgenden Analysen vorbereitet. Anschließend folgen die weiteren Stufen des KDD-Prozesses,
vorgestellt in Kapitel 4.1.2, bei denen eine Dimensionsreduktion durchgeführt
und der Datensatz visualisiert wird. Dabei werden die fehlerhaften Fahrzeuge
im Vergleich zu den fehlerfreien grafisch dargestellt. Die Interpretation führt zu
dem Ergebnis, dass die betrachteten Fehlerfälle nicht eindeutig sind. Deswegen
erfolgt in einem zweiten Durchlauf des KDD-Prozesses, beginnend beim *Data-
Mining*, eine Clusteranalyse der fehlerhaften Fahrzeuge sowie die Interpretation
der Ergebnisse, Kapitel 4.1.3. Der dritte Durchlauf des KDD-Prozesses, vorgestellt in Kapitel 4.1.4, beginnt in der zweiten Stufe, der Bereinigung der Daten.
Dabei wird der Datensatz in Trainings- und Testdaten aufgeteilt sowie die für
den jeweiligen Fehler relevanten Merkmale ermittelt. Dies dient der Datenreduktion, um die Laufzeit der nachfolgenden Algorithmen zu verkürzen. In
der folgenden dritten Stufe, der Transformation, wird ein *Up-* und *Downsamp-
ling* der Trainingsdatenmenge durchgeführt, um das Klassenungleichgewicht

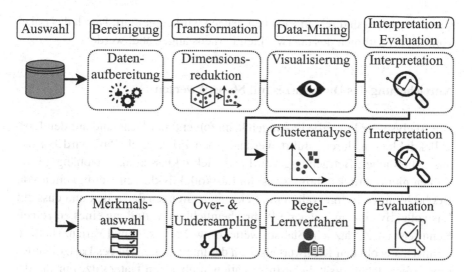

Abbildung 4.1: Darstellung der Flottendatenauswertung nach dem KDD-Prozess

zwischen fehlerhaften und fehlerfreien Fahrzeugen aufzulösen. Anschließend werden in der Stufe des *Data-Mining* Regeln ermittelt, die für das Eintreten der Fehler zutreffen. Aus diesen Regeln lassen sich schließlich die Bedingungen ableiten, die fehlerhafte Fahrzeuge gemeinsam haben und diese von den fehlerfreien differenzieren. Den Abschluss des implementierten KDD-Prozesses bildet die Evaluation der ermittelten Fehlerbedingungen. [45], [154]

4.1.1 Datenaufbereitung im ersten Durchlauf des KDD-Prozesses

In Stufe zwei des ersten Durchlaufs des KDD-Prozesses, der Datenaufbereitung, werden die Datensätze vorverarbeitet. Für die fehlerhaften Fahrzeuge wird ein Datensatz erstellt, in dem die Lastkollektive zum Zeitpunkt des Fehlerauftritts abgespeichert sind. Für die Fehlerfreien wird ein Datensatz erstellt, in dem die neuesten Lastkollektive je Fahrzeug gespeichert sind. Anschließend findet eine Integration der beiden Datensätze statt und ein Label zur Differenzierung von fehlerhaften und fehlerfreien Fahrzeugen wird eingeführt. Durch das Label können Algorithmen des überwachten Lernens angewandt werden.

Anreicherung des Datensatzes mit Statistikwerten

Die Analyse der Fehlerbedingungen kann folgend nur basierend auf den Lastkollektivklassen durchgeführt werden. Nach Frisk et al. [56] wird bei der ausschließlichen Betrachtung von Lastkollektivklassen als unabhängige Variablen nicht berücksichtigt, dass die Lastkollektivklassen Häufigkeiten von Beobachtungen in Intervallen mit bekannten Grenzen darstellen und dass ein Lastkollektiv eine angenäherte Wahrscheinlichkeitsverteilung eines einzelnen Kennwerts ist. Zusätzliche Statistikwerte (bspw. Mittelwert und Varianz) berücksichtigen sowohl den Kennwert als auch die Intervallgrenzen des Lastkollektivs und liefern daher zusätzliche Informationen über den Datensatz. Für die detailliertere Analyse der vorhandenen Lastkollektive werden nach Frisk et al. additional Statistikwerte berechnet.

Ein Lastkollektiv LK besteht aus der Anzahl von Lastkollektivklassen N_{LK}, der Wert einer Lastkollektivklasse sei lk_i und die Mitte einer Lastkollektivklasse $lk_{m,i}$ für $i \in \{1, 2, ..., N_{LK}\}$. Die Lastkollektive werden für die folgenden Berechnungen normiert, damit die Summe der Lastkollektivklassen für ein Lastkollektiv eins ist, siehe Gl. 4.1.

$$\sum_{i=1}^{N_{LK}} lk_i = 1 \qquad\qquad \text{Gl. 4.1}$$

Mittelwert: Der Mittelwert ist der mathematische Durchschnitt aller Werte einer Verteilung. Zur Bestimmung der Mittelwerte der Lastkollektive wird nach Gl. 4.2 der arithmetische Mittelwert näherungsweise berechnet. Hierbei wird die Mitte der Lastkollektivklassen für die Berechnung genutzt, dies entspricht der Annahme einer Normalverteilung der Werte innerhalb einer Lastkollektivklasse.

$$\overline{LK} = \sum_{i=1}^{N_{LK}} lk_i \cdot lk_{m,i} \qquad\qquad \text{Gl. 4.2}$$

Modus: Der Modus, auch Modalwert genannt, ist der am häufigsten vorkommende Wert einer Verteilung. Dieser befindet sich in der Lastkollektivklasse mit den meisten Werten, der Modalklasse. Die Modalklasse wird nach Gl. 4.3 ermittelt. Da ausschließlich die Klassenwerte vorhanden sind, wird die Mitte der Modalklasse als Modus verwendet, Gl. 4.4.

$$j = \arg\max(lk_i) \qquad \text{Gl. 4.3}$$

$$\overline{LK}_M = lk_m(j) \qquad \text{Gl. 4.4}$$

Median & Perzentile: Der Median entspricht dem Wert einer Verteilung, bei dem eine Hälfte der Werte größer und die andere Hälfte der Werte kleiner als der Medianwert ist, er teilt eine Verteilung in zwei Teile gleicher Größe. Für die Berechnung des Medians eines Lastkollektivs wird zuerst die Lastkollektivklasse lk_j bestimmt, in der sich der Medianwert befindet. Anschließend wird der Median nach der Gl. 4.5 berechnet, wobei für p der Wert 0,5 verwendet wird.

$$\tilde{LK} = lk_{u,j} + \frac{p - \sum_{k=1}^{j-1} lk_k}{lk_m} \cdot (lk_{o,j} - lk_{u,j}) \qquad \text{Gl. 4.5}$$

mit:

lk_j	Lastkollektivklasse j
$lk_{u,j}$	untere Grenze der Lastkollektivklasse j
$lk_{o,j}$	obere Grenze der Lastkollektivklasse j
p	p-Quantil

Neben dem Median werden zusätzlich das 10 %- und 90 %-Perzentil verwendet. Das Vorgehen der Berechnung erfolgt analog dem Medianwert, wobei in Gl. 4.5 für p die Werte 0,1 und 0,9 eingesetzt werden.

Varianz: Die Varianz ist ein Maß für die Größe der Abweichung von einem Mittelwert innerhalb einer Verteilung. Für die Berechnung der Varianz nach Gl. 4.6 werden wiederum die Mitten der Lastkollektivklassen verwendet. Dies führt dazu, dass die Varianz überschätzt wird, da bei der Verwendung der

Klassenmitten von einer Normalverteilung innerhalb der Lastkollektivlassen ausgegangen wird. Bei gleichen Klassenbreiten kann die Korrektur nach Sheppard [33] angewandt werden. Da die Lastkollektive des vorliegenden Datensatzes teilweise unterschiedliche Klassenbreiten aufweisen, wird auf die Korrektur nach Sheppard verzichtet.

$$\sigma^2 = \sum_{i=1}^{N_{LK}} lk_i \left(lk_{m,i} - \overline{LK} \right)^2 \qquad \text{Gl. 4.6}$$

Schiefe: Mit der Schiefe werden Art und Größe der Asymmetrie einer Verteilung bestimmt. Bei einer negativen Schiefe, $\gamma_m < 0$, ist die Verteilung linksschief und bei einer positiven Schiefe, $\gamma_m > 0$, rechtsschief. Die Berechnung der Schiefe wird nach Yule & Pearson [31] durchgeführt, Gl. 4.7.

$$\gamma_m = \frac{3 \cdot \left(\overline{LK} - \tilde{LK} \right)}{\sqrt{\sigma^2}} \qquad \text{Gl. 4.7}$$

Kurtosis: Die Kurtosis ist eine Kennzahl für die Beschreibung der Wölbung einer Verteilung und wird nach Gl. 4.8 berechnet. Bei einer Kurtosis $\omega_m > 3$ wird die Verteilung zunehmend spitzer, während bei einer Kurtosis von $\omega_m < 3$ die Verteilung abnehmend flacher wird [31].

$$\omega_m = \frac{1}{N_{LK}} \sum_{i=1}^{N_{LK}} \left(\frac{lk_i - \overline{LK}}{\sqrt{\sigma^2}} \right)^4 \qquad \text{Gl. 4.8}$$

Zusätzlich zu den vorgestellten statistischen Größen, welche die Definition der Lastkollektivklassen berücksichtigen, werden ergänzend nach Frisk et al. [56] die Randbereiche der Verteilungen detaillierter untersucht, da in diesen die Grenzfälle enthalten sind. Dazu werden für ein Lastkollektiv die Mittelwerte $\overline{LK}_{veh,i}$ der Lastkollektivklassen $i \in \{1, 2, ..., N_{LK}\}$ über alle Fahrzeuge gebildet. Die Randbereiche werden definiert als die Lastkollektivklassen, in denen für alle Fahrzeuge betrachtet maximal 5 % der unteren sowie oberen Werte des gesamten Lastkollektivs enthalten sind. Die Anzahl der unteren Lastkollektivklassen wird mittels Gl. 4.9 und die der oberen Lastkollektivklassen anhand

Gl. 4.10 bestimmt. Anschließend werden die Variablen *Ptail* und *Mtail* für jedes Fahrzeug berechnet.

$$N_- = \sum \sum_{i=1}^{k} \overline{LK}_{\text{veh},i} < 0,05 \quad \text{für } k \in \{1, 2, ..., N_{LK}\} \qquad \text{Gl. 4.9}$$

$$N_+ = \sum \sum_{i=1}^{k} \overline{LK}_{\text{veh},i} > 0,95 \quad \text{für } k \in \{1, 2, ..., N_{LK}\} \qquad \text{Gl. 4.10}$$

Ptail: Die Variable *Ptail* nach Gl. 4.11 ist die Summe der Werte beider Randbereiche. Durch die Normierung von lk_i wird mit *Ptail* der Anteil des Lastkollektivs beschrieben, der in den beiden Randbereichen liegt. Je größer *Ptail* ist, desto mehr Werte befinden sich für ein Fahrzeug in den Randbereichen.

$$Ptail = \sum_{i=1}^{N_-} lk_i + \sum_{i=N_{LK}-N_++1}^{N_{LK}} lk_i \qquad \text{Gl. 4.11}$$

Mtail: Die Variable *Mtail* nach Gl. 4.12 ist die Differenz der Werte beider Randbereiche des Lastkollektivs und beschreibt die Lage der Grenzfälle. Bei einem *Mtail* > 0 liegen die Grenzfälle im unteren Randbereich des Lastkollektivs, während bei einem *Mtail* < 0 diese im oberen Randbereich sind.

$$Mtail = \sum_{i=1}^{N_-} lk_i - \sum_{i=N_{LK}-N_++1}^{N_{LK}} lk_i \qquad \text{Gl. 4.12}$$

Die vorgestellten Statistikwerte werden für alle Lastkollektive jedes Fahrzeugs berechnet und dem Datensatz als zusätzliche Variablen hinzugefügt.

Behandlung fehlerhafter Daten

Daten aus realen Anwendungen enthalten oft Fehler, welche die nachfolgenden Analysemethoden verfälschen können, und müssen aus diesem Grund korrigiert werden. Die Fehler lassen sich in zufällige und systematische Fehler unterteilen. Zufällige Fehler sind bspw. Übertragungsfehler, während die Ursache für systematische Fehler bspw. die fehlerhafte Berechnung von Lastkollektiven ist. Die Analyse des Datensatzes ergibt das Vorhandensein folgender Fehler:

- Lastkollektivklassen ohne Werte

- fehlende, bzw. nicht korrekt abgespeicherte Werte innerhalb einzelner Lastkollektivklassen für einzelne Fahrzeuge

- einzelne Lastkollektive liegen nur für eine kleine Anzahl an Fahrzeugen vor

Innerhalb der Datenvorverarbeitung findet die Korrektur des Datensatzes statt, indem die fehlenden und unplausiblen Werte entfernt werden. Dies betrifft sowohl die Lastkollektivklassen als auch die Fahrzeuge. [137]

Als zusätzliche Bedingung werden nur Fahrzeuge weiter betrachtet, die eine Laufleistung größer 1000 km aufweisen. Damit soll vermieden werden, dass produktionsbedingte Frühausfälle in die Analyse eingehen, da bei diesen nicht das Nutzungsverhalten als Fehlerbedingungen anzunehmen ist.

Entfernung von Korrelationen

Die weiterführende Analyse des Datensatzes zeigt, dass Korrelationen zwischen den einzelnen Lastkollektivklassen existieren. Bspw. sind die Werte der Energiezähler und Stromintegrale einer Komponente direkt linear abhängig. Diese Korrelationen führen zu einer geringeren Modellgüte bei der Anwendung der ML-Algorithmen [66], [69]. Diesbezüglich werden die vorhandenen Korrelationen mittels einer Korrelationsanalyse nach Bravais-Pearson [127] ermittelt und entfernt, indem eine der betroffenen Lastkollektivklassen aus dem Datensatz gelöscht wird. [31], [80]

Skalierung der Lastkollektive

Die Lastkollektive des verwendeten Datensatzes bestehen aus verschiedenen physikalischen Größen (bspw. Datumswerte, zeitbasierte und fahrtenbasierte Zählerwerte, Kilometerstände, Energiezähler sowie Stromintegrale). Dabei können sich die entsprechenden Wertebereiche der unterschiedlichen Größen um mehrere Zehnerpotenzen unterscheiden. Um für die folgenden Auswertungen alle Lastkollektive gleich zu gewichten und zu vermeiden, dass Lastkollektive, die einen großen Wertebereich aufweisen, den Datensatz hauptsächlich beschreiben, müssen die einzelnen Lastkollektive skaliert werden [137]. Dazu werden die Methoden der Min-Max-Skalierung und der relativen Häufigkeit vorgestellt.

Min-Max-Skalierung: Bei der Min-Max-Skalierung werden die Werte einer Lastkollektivklasse auf den Wertebereich null bis eins skaliert. Dabei entspricht null dem Minimum der Lastkollektivklasse aller Fahrzeuge und eins dem Maximum. Die Berechnungsformel dazu lautet:

$$lk_{\text{scal},i} = \frac{lk_i - \min(lk_{\text{veh},i})}{\max(lk_{\text{veh},i}) - \min(lk_{\text{vch},i})} \qquad \text{Gl. 4.13}$$

Die Min-Max-Skalierung wird für die eigenständigen Lastkollektivklassen angewendet (bspw. Energiezähler und Stromintegrale) die in keiner direkten Bedingung zu anderen Lastkollektivklassen stehen.

Relative Häufigkeit: Für die Lastkollektive mit Zählerwerten liegen die Lastkollektivklassen als absolute Häufigkeiten vor. Bei Lastkollektiven bestehend aus mehreren Klassen wird die relative Häufigkeit berechnet. Der Wertebereich liegt zwischen null und eins, wobei bei dem Wert eins nur eine Lastkollektivklasse des jeweiligen Lastkollektivs Zählerwerte aufweist. Der Vorteil gegenüber der Min-Max-Skalierung liegt darin, dass die Verhältnisse innerhalb eines Lastkollektivs für die individuellen Fahrzeuge bestehen bleiben.

Das Ergebnis der Datenaufbereitung ist der Datensatz X_{scal}, der für alle weiteren Stufen der Flottendatenauswertung verwendet wird.

4.1.2 Stufen 3-5 des ersten Durchlaufs des KDD-Prozesses

In den weiteren Stufen des ersten Durchlaufs des KDD-Prozesses wird der Datensatz zur Auswertung visualisiert. Ziel ist, zur Erkennung von eventuell vorhandenen Gemeinsamkeiten die fehlerhaften Fahrzeuge im Vergleich zu

den fehlerfreien darzustellen. Da der Datensatz aus mehreren Hundert Lastkollektivklassen besteht, ist eine direkte Visualisierung nicht möglich. Deswegen
werden in der Stufe Transformation Methoden der Dimensionsreduktion angewandt, die den Datensatz auf zwei Dimensionen reduzieren, welche danach
visualisiert werden.

Dimensionsreduktion

Der in Kapitel 3.2.3 eingeführte nichtlineare t-SNE-Algorithmus existiert speziell für die Visualisierung mehrdimensionaler Daten im zwei- bis dreidimensionalen Raum. Nach van der Maaten & Hinton [110] soll die Anzahl der
Dimensionen jedoch nicht zu hoch sein, da sonst ein Rauschen auftreten kann
und sich die Berechnungszeit zunehmend erhöht. Aus diesem Grund wird vor
der Anwendung des t-SNE der lineare Algorithmus PCA angewandt.

Der Informationsgehalt des mit dem PCA-Algorithmus reduzierten Datensatzes
wird durch die Summe der Varianzen der verwendeten Hauptkomponenten
bestimmt. Nachteilig an der Hauptkomponentenanalyse ist, insbesondere bei
hochdimensionalen Datensätzen, dass, bei der Verwendung von ausschließlich
zwei Hauptkomponenten zur visuellen Darstellung des Datensatzes, der Informationsgehalt des derart reduzierten Datensatzes gering ist. Daher wird mit
der Hauptkomponentenanalyse der Datensatz X_{scal} soweit reduziert, dass dieser
noch 95 % des ursprünglichen Informationsgehaltes enthält. Dadurch wird eine
Reduktion der Dimensionen erzielt, die für den t-SNE-Algorithmus benötigt
wird, bei gleichzeitig geringem Verlust an Informationsgehalt.

Visualisierung des dimensionsreduzierten Datensatzes

Da bei der Dimensionsreduktion mittels t-SNE keine Entfernung von Dimensionen stattfindet, sondern eine wahrscheinlichkeitsbasierte Projektion der hochdimensionalen Datenpunkte auf niedrigdimensionale Kartenpunkte, sind in
den Kartenpunkten die Informationen über die Ähnlichkeiten der Datenpunkte
enthalten, jedoch nicht deren Dimensionen. Deswegen wird für die visuelle
Darstellung der t-SNE-Ergebnisse auf die Achsenbeschriftung verzichtet.

Das Ergebnis der seriellen Anwendung der Algorithmen PCA und t-SNE auf den Datensatz X_{scal} ist der in Abbildung 4.2 dargestellte dimensionsreduzierte Datensatz Y.

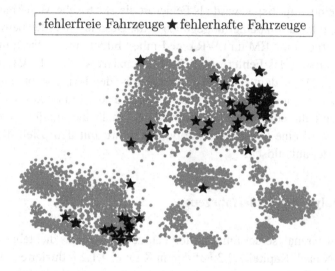

Abbildung 4.2: Visualisierung des mittels PCA und t-SNE reduzierten Datensatzes

Interpretation der Ergebnisse

Anhand der dargestellten Ergebnisse ist erkennbar, dass die Verteilung der Fahrzeuge innerhalb des dimensionsreduzierten Raums inhomogen ist. Es existieren Gebiete mit höherer Fahrzeugdichte, die durch Bereiche niedrigerer Dichte voneinander getrennt sind. Dies ist ein wichtiger Fakt für die Beantwortung der ersten Forschungsfrage, da es aufgrund der verschiedenen Gebiete Fahrzeuge gibt, deren Nutzung sehr ähnlich ist und die sich von anderen Fahrzeugen der Flotte unterscheiden. Weiterhin ist für die fehlerhaften Fahrzeuge erkennbar, dass sich diese größtenteils in zwei unterschiedlichen Gebieten hoher Fahrzeugdichte befinden. Diese Beobachtung führt zu der Interpretation, dass die betrachteten Fehlerfälle nicht eindeutig sind.

4.1.3 Zweiter Durchlauf des KDD-Prozesses

Die zur Verfügung stehenden Informationen zu den fehlerhaften Komponenten
sind nicht eindeutig. Bspw. wird als Fehlerort die elektrische Maschine und als
Fehlerart ein Isolationsfehler angegeben. Eine Besonderheit des betrachteten
BEV ist hierbei, dass EM und WR eine Einheit bilden und dadurch innerhalb
der Beschreibung des Fehlerorts nicht differenziert werden. Isolationsfehler
können nach Moghadam et al. [115] jedoch in beiden Komponenten auftreten,
mit jeweils individuellen Fehlerbedingungen. Aus diesem Grund wird für die
fehlerhaften Fahrzeuge der KDD-Prozess nochmals durchlaufen. Startend in
Stufe vier wird eine Clusteranalyse durchgeführt, mit dem Ziel, die Fehler
differenzierter aufzulösen.

Clusteranalyse der Fehlerfahrzeuge

Für die Clusteranalyse der fehlerhaften Fahrzeuge wird das dichtebasierte Verfahren SNN nach Kapitel 3.2.3 auf den in Kapitel 4.1.2 reduzierten Datensatz
Y angewandt. Da die gefundenen Cluster visuell im zweidimensionalen Raum
dargestellt werden sollen, wird der mittels PCA und t-SNE reduzierte Datensatz
für die Clusteranalyse verwendet. Durch die Anwendung des t-SNE werden
die Distanzen und Dichten der hochdimensionalen Daten nicht beibehalten,
weswegen die Ergebnisse einer abstands- oder dichtebasierten Clusteranalyse
nicht vertrauenswürdig sind. Einzig die Information über die nächsten benach-
barten Datenpunkte im hochdimensionalen Datensatz bleibt auch im niedrigdimensionalen erhalten. Aus diesem Grund wird das SNN-Verfahren für die
Clusteranalyse angewandt.

In Abbildung 4.3 sind die Ergebnisse der Clusteranalyse dargestellt. Zusätzlich
zu den Clustern der fehlerhaften Fahrzeuge sind die nicht innerhalb der Clusteranalyse berücksichtigten fehlerfreien Fahrzeuge dargestellt, damit die visuelle
Zuordnung zu Abbildung 4.2 bestehen bleibt.

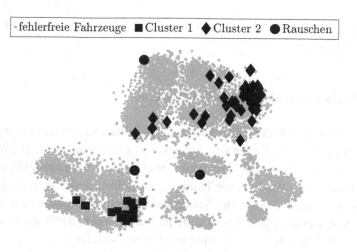

Abbildung 4.3: Darstellung des dimensionsreduzierten Datensatzes nach der Clusteranalyse der fehlerhaften Fahrzeuge

Interpretation der Ergebnisse

Durch die Clusteranalyse werden die fehlerhaften Fahrzeuge in zwei Cluster unterteilt sowie drei Fahrzeuge als Rauschen deklariert. Der SNN-Algorithmus ordnet die einzelnen Fahrzeuge aufgrund ihrer Ähnlichkeit zueinander den Clustern zu. Die Ähnlichkeit resultiert aus den nächsten Nachbarn, die ein Fahrzeug hat. Besitzen zwei Fahrzeuge die gleichen Nachbarn, sind diese sich ähnlich und entsprechend im gleichen Cluster. Überschreitet dagegen der Abstand von einem einzelnen Fahrzeug zum nächstgelegenen (das nach Kapitel 3.2.3 ein Kernpunkt sein muss) den Grenzwert ε, wird das Fahrzeug als Rauschen deklariert. Dies trifft auf die drei als Rauschen markierten Fahrzeuge in Abbildung 4.3 zu. Die Fahrzeuge besitzen keine direkten fehlerhaften Fahrzeuge als Nachbarn und weisen einen sichtbaren Abstand zu den nächstgelegenen fehlerhaften Fahrzeugen auf.

Für die folgenden Stufen der Flottendatenauswertung werden die Cluster 1 (15 fehlerhafte Fahrzeuge; als *Clust*$_1$ bezeichnet) und Cluster 2 (45 fehlerhafte Fahrzeuge; als *Clust*$_2$ bezeichnet) unabhängig als zwei eigenständige Fehler

betrachtet und die drei als Rauschen identifizierten Fahrzeuge nicht weiter
berücksichtigt.

4.1.4 Dritter Durchlauf des KDD-Prozesses

Der dritte Durchlauf des KDD-Prozesses zur Flottendatenauswertung erfolgt
auf Grundlage des skalierten Datensatzes X_{scal} aus Kapitel 4.1.1. Die fehlerhaften Fahrzeuge werden auf Grundlage der in Kapitel 4.1.3 ermittelten Cluster
differenziert. X_{scal} wird in eine Trainings- und Testdatenmenge, $X_{scal,train}$ und
$X_{scal,test}$, aufgeteilt, indem eine Randomisierung der Eingangsdaten durchgeführt und der prozentuale Anteil an fehlerhaften und fehlerfreien Fahrzeugen
von X_{scal} im Trainings- und Testdatensatz berücksichtigt wird.

Auswahl relevanter Merkmale

Der Datensatz $X_{scal,train}$ besteht aus Lastkollektivklassen und in Kapitel 4.1.1
berechneten Statistikwerten, die als Merkmale zusammengefasst werden. In der
Praxis sind viele der Merkmale irrelevant oder redundant in Bezug auf einen
einzelnen Fehlerfall. Mehr Merkmale können zwar einerseits mehr Informationen liefern, andererseits können sie aber auch einen Algorithmus verzerren
und sich somit negativ auf die Qualität der Ergebnisse dieses Algorithmus
auswirken. Die Ziele der Merkmalsauswahl sind neben der Verbesserung der
Qualität der nachfolgenden Modelle die Verbesserung der Berechnungsleistung
eines Modells sowie ein verbessertes Verständnis des Datensatzes. [14], [20]

Aus den in Kapitel 3.2.1 eingeführten Algorithmen der Merkmalsauswahl wird
zuerst das RF-Verfahren nach Bergmeir implementiert. In der Anwendung zeigt
sich das RF-Verfahren als sehr rechenintensiv, wobei die zwei geschachtelten
Kreuzvalidierungen sowie die 500 Trainingsvorgänge des RFC und die Merkmalsauswahl mittels der Vorwärtsstrategie zu einer langen Laufzeit führen. Das
RF-Verfahren wurde entwickelt, um innerhalb einer Methode die Merkmalsauswahl und das Training des Klassifikators zu kombinieren. Da innerhalb
dieser Stufe der Flottendatenauswertung jedoch nur eine Merkmalsauswahl

1: **Input:** Φ : initialisierte Hyperparameter; $\mathcal{D}$: Datensatz
2: **Output:** $feat$: optimale Merkmale
3: **for** $i \in \{0, \ldots, 100\}$ **do**
4:     $\phi(i) \leftarrow random\ \phi \in \Phi$ ▷ Auswahl ϕ via Zufallssuche
5:     **for each** $train, test\ from\ \mathcal{D}$ **do**   ▷ via Kreuzvalidierung
6:         $sm \leftarrow SMOTEENN(train)$
7:         $model \leftarrow ExtraTreesClassifier(\phi(i))$
8:         $etc \leftarrow SelectFromModel(model, sm)$
9:         $rf \leftarrow RandomForestClassifier(etc)$
10:        $score \leftarrow BAC(test, rf)$
11:        Einfügen $score$ in cv_list
12:    **end for**
13:    Einfügen $[mean(cv\_list), \phi(i)]$ in $scores\_list$
14: **end for**
15: $\phi_{best} \leftarrow \phi(i)$ für $\arg\max(scores\_list(score))$
16: Bestimme $feat$ für $ExtraTreesClassifier(\phi_{best})$

Abbildung 4.4: Pseudocode: Auswahl relevanter Merkmale mittels ML-Pipeline

stattfinden soll, ist dieses komplexe Verfahren nicht notwendig und wird durch ein vereinfachtes Verfahren anhand einer ML-Pipeline ersetzt.

Eine ML-Pipeline ist ein Verfahren, bei dem mehrere Schritte des ML in einer Abfolge zusammengefasst werden [138]. Die Vorgehensweise der entwickelten ML-Pipeline ist in Abbildung 4.4 dargestellt. Die ML-Pipeline ist dabei innerhalb einer Hyperparameteroptimierung mit anschließender Kreuzvalidierung eingebunden. Für die Hyperparameteroptimierung wird die Zufallssuche nach Bergstra & Bengio [15] angewandt, dabei werden nicht alle Hyperparameterkombinationen des Suchraums ausprobiert, sondern nur eine definierte Anzahl zufällig ausgewählter. Innerhalb dieser Arbeit werden die Hyperparameter des ETC-Algorithmus betrachtet, da anhand diesem die Merkmalsauswahl stattfindet. Es ist zudem möglich, Hyperparameter weiterer Algorithmen in die Optimierung einzubinden. Der Aufbau der ML-Pipeline folgt dem Schema

Datenaufbereitung, Modelltraining, Modellbewertung. Im Unterschied zum RF-Verfahren wird der unausgewogene Trainingsdatensatz im Schritt Datenaufbereitung mittels SMOTEENN-Algorithmus angeglichen. Zur Merkmalsauswahl wird im Schritt Modelltraining ein ETC trainiert und auf Grundlage der dabei gelernten Wichtigkeiten der einzelnen Merkmale werden die relevanten ausgewählt. Als Grenzwert für die Auswahl wird der Mittelwert der Wichtigkeiten aller Merkmale verwendet. Die Wichtigkeit entspricht hierbei dem Gini-Index (engl. *Gini-Impurity*) [113]. Dieser berechnet die Bedeutung jedes Merkmals als die Summe der Anzahl der Splits über alle Entscheidungsbäume im ETC, die das Merkmal enthalten, proportional zur Anzahl an Samples, die es splittet. Die Modellbewertung, hier die Bewertung der ermittelten optimalen Merkmale, findet mittels eines RFC-Algorithmus statt, der auf dem merkmalsreduzierten Datensatz trainiert wird. Da die Testdaten unausgewogen sind, wird die BAC als Metrik für die Modellgüte verwendet. Die optimalen Merkmale werden abschließend aus dem ETC gewählt, für den die BAC des RFC am größten ist.

Ein Vergleich des RF-Verfahrens und der ML-Pipeline wird für die Cluster des Fehlers A durchgeführt, die Ergebnisse sind in Tabelle 4.2 aufgelistet. Zur Bestimmung der Güte beider Verfahren wird im Anschluss an jedes ein unabhängiger RFC trainiert und anhand dessen die BAC (RFC-BAC) und das F1-Maß (RFC-F1) berechnet. Der markante Unterschied der beiden Verfahren liegt in der Anzahl relevanter Merkmale, dabei reduziert das RF-Verfahren den vorliegenden Datensatz auf wesentlich weniger Merkmale.

Tabelle 4.2: Vergleich von RF- und ML-Pipeline-Verfahren

Methode	Fehler	Anzahl Merkmale	RFC-BAC	RFC-F1	Rechenzeit in s
RF-Verfahren	$Clust_1$	11	0,968	0,882	27 791
	$Clust_2$	15	0,91	0,723	79 177
ML-Pipeline	$Clust_1$	124	0,969	0,968	5444
	$Clust_2$	175	0,959	0,792	9679

Der Vorteil der ML-Pipeline-Methode gegenüber dem RF-Verfahren ist, dass nur eine Kreuzvalidierung angewandt wird sowie in jedem Iterationsschritt der Hyperparameteroptimierung alle Algorithmen gleichzeitig berücksichtigt werden, anstatt sequenziell und getrennt voneinander. Dies führt letztlich zu einer geringeren Rechenzeit bei vergleichbarer Modellgüte.

Die Auswahl der Merkmale erfolgt nach Abbildung 4.4 anhand des Datensatzes $X_{scal,train}$, unter Berücksichtigung aller fehlerhaften Fahrzeuge. Das Ergebnis ist eine Auswahl von Lastkollektivklassen und Statistikwerten $feat$, die für den betrachteten Fehlerfall relevant sind.

Over- & Undersampling

Eine Herausforderung im vorhandenen Datensatz stellt das Klassenungleichgewicht zwischen fehlerhaften und fehlerfreien Fahrzeugen dar. Im Vergleich zur fehlerhaften Klasse hat die Klasse der fehlerfreien Fahrzeuge eine um mehrere Größenordnungen höhere Anzahl an Datenpunkten. Aus diesem Grund wird das in Kapitel 3.2.1 eingeführte *Over-* und *Undersampling* Verfahren SMOTEENN eingesetzt, um das Klassenungleichgewicht aufzulösen.

Für die Anwendung des SMOTEENN-Algorithmus werden alle fehlerhaften Fahrzeuge des betrachteten Clusters in den Trainingsdatensatz $X_{scal,train}$ übernommen und aus $X_{scal,train}$ der ausgewogene Datensatz X_{bal} berechnet. Anschließend werden die realen fehlerhaften Fahrzeuge aus X_{bal} entfernt und in $X_{scal,test}$ integriert. Der Datensatz X_{bal} besteht dadurch nur aus künstlichen fehlerhaften Datenpunkten und $X_{scal,test}$ aus realen. Der Grund dieses Vorgehens ist der ansonsten zu geringe Anteil fehlerhafter Fahrzeuge in $X_{scal,test}$ und die damit verbundene geringe Aussagekraft der Testdaten.

Abschließend wird aus dem ausgewogenen Datensatz X_{bal} mit den in der Stufe Merkmalsauswahl ermittelten relevanten Lastkollektivklassen und Statistikwerten $feat$ nach Gl. 4.14 der Datensatz $X_{bal,rel}$ erstellt, der für die Regel-Lernverfahren verwendet wird.

$$X_{bal,rel} = X_{bal}(:, feat) \qquad \text{Gl. 4.14}$$

Regel-Lernverfahren

Fürnkranz et al. [57] geben eine Übersicht zu bestehenden Algorithmen für das prädiktive Regellernen. Dabei wird der in Kapitel 3.2.1 eingeführte RIPPER-Algorithmus als ein leistungsfähiges Regel-Lernverfahren vorgestellt, das Einsatz in praktischen Anwendungen findet und auf dem aktuellsten Stand der Technik ist. Aus diesem Grund werden RIPPER als auch die Vorstufe IREP für die Ermittlung der Fehlerbedingungen angewandt.

In Bergmeir [14] wird gezeigt, dass auf Entscheidungsbäumen basierende Regel-Lernverfahren gute Ergebnisse bei der Analyse von Lastkollektiven erzielen. Aus diesem Grund wird vergleichend zu den prädiktiven Regel-Lernverfahren IREP und RIPPER der ebenfalls in Kapitel 3.2.1 vorgestellte Skope-Rules-Algorithmus eingesetzt.

Die Ermittlung der Fehlerbedingungen erfolgt durch die Anwendung der drei Algorithmen IREP, RIPPER und Skope-Rules auf den Datensatz $X_{bal,rel}$, die anschließende Validierung der gefundenen Regeln findet anhand des Datensatzes $X_{scal,test}$ statt. Dies bedeutet, das Training erfolgt für den ausgewogenen Datensatz der künstlich erzeugten fehlerhaften Fahrzeuge und der Auswahl an relevanten Merkmalen. Die Validierung nutzt dagegen die originalen fehlerhaften Fahrzeuge. Dadurch wird sichergestellt, dass die Ergebnisse gegenüber den Realdaten valide und keine Konsequenz der künstlich generierten Daten sind.

Die Ergebnisse der drei Regel-Lernverfahren für den betrachteten Fehlerfall, getrennt nach den Clustern $Clust_1$ und $Clust_2$, sind in Tabelle 4.3 und die zu-

Tabelle 4.3: Ergebnisse der Regel-Lernverfahren

Algorithmus	Fehler	BAC	Recall	Präzision	F1-Maß
IREP	$Clust_1$	0,841	1,0	0,025	0,048
RIPPER	$Clust_1$	0,902	0,867	0,1	0,179
Skope-Rules	$Clust_1$	0,832	0,667	0,625	0,645
IREP	$Clust_2$	0,716	1,0	0,036	0,069
RIPPER	$Clust_2$	0,623	1,0	0,027	0,053
Skope-Rules	$Clust_2$	0,826	0,718	0,185	0,295

gehörigen Konfusionsmatrizen in Anhang A.1 aufgeführt. Die Algorithmen IREP und RIPPER zeigen hierbei ein ähnliches Verhalten; einerseits liegen die erzielten Recall-Werte bei 0,867 bzw. 1,0, andererseits sind die Präzisionswerte kleiner 0,1. Die ermittelten Regeln prädizieren die fehlerhaften Fahrzeuge richtig, die fehlerfreien jedoch nicht. Dies bedeutet, dass die mit IREP und RIPPER ermittelten Regeln die spezifischen Fehlerbedingungen nicht genau nachbilden können. Der gefundene Regelsatz des Skope-Rules-Algorithmus erreicht, insbesondere für den Fehlerfall $Clust_1$, konträre Ergebnisse. Die geringeren Recall-Werte lassen sich damit begründen, dass fehlerhafte Fahrzeuge auch individuelle Fehlerbedingungen haben können, welche nicht durch die Lastkollektivdaten abgebildet werden (bspw. ein Produktionsfehler). Die Mehrheit der fehlerhaften Fahrzeuge wird jedoch durch den Regelsatz abgedeckt, zudem werden nur wenige fehlerfreie Fahrzeuge berücksichtigt. Der Skope-Rules-Algorithmus liefert für den Fehlerfall $Clust_1$ somit einen Regelsatz, der eine Abgrenzung zwischen fehlerhaften und fehlerfreien Fahrzeugen ermöglicht und schlussfolgernd die Fehlerbedingungen beinhaltet.

Für die nachfolgenden Analysen werden ausschließlich die Ergebnisse des Skope-Rules-Algorithmus für den Fehlerfall $Clust_1$ betrachtet. Der finale Regelsatz des Skope-Rules-Algorithmus besteht aus den drei folgenden Regeln und diese wiederum aus sechs bis acht Bedingungen. Die einzelnen Bedingungen kommen wiederholt innerhalb des Regelsatzes vor.

Regel 1: $Produktionsdatum > 0,91 \quad \wedge \quad Vertiebsgebiet\_ID \leq 578 \quad \wedge$
$LK72_{Y\_Modus} > 1501,9 \quad \wedge \quad LK16_{X2,Y5} > 5,1E-4 \quad \wedge$
$LK17_{X5,Y2} > 2,18E-7 \quad \wedge \quad LK17_{X5,Y5} > 9,29E-8$

Regel 2: $Produktionsdatum > 0,91 \quad \wedge \quad Vertiebsgebiet\_ID \leq 578 \quad \wedge$
$LK72_{Y\_Modus} > 1501,9 \quad \wedge \quad LK16_{X2,Y5} > 4,85E-4 \quad \wedge$
$LK17_{X5,Y5} > 9,29E-8 \quad \wedge \quad LK72_{X6,Y3} > 1,91E-4$

Regel 3: $Produktionsdatum > 0,91 \quad \wedge \quad LK72_{Y\_Modus} > 1502,4 \quad \wedge$
$LK16_{X2,Y5} > 5,1E-4 \quad \wedge \quad LK17_{X5,Y2} > 5,37E-6 \quad \wedge$
$LK17_{X5,Y5} > 2,93E-7 \quad \wedge \quad LK18_{X9,Y8} > 1,23E-5 \quad \wedge$
$LK27_{X16,Y13} \leq 1,74E-4 \quad \wedge \quad LK52_{X2} \leq 0,44$

Die drei Regeln sind in ihrer Reihenfolge nach der Güte der Prädiktion geordnet. Regel 1 ist die performanteste, da diese die meisten fehlerhaften Fahrzeuge einbezieht. Eine detaillierte Analyse der drei Regeln wird durchgeführt, indem diese kumulativ auf den Datensatz angewandt werden. In Tabelle 4.4 sind die erzielten Ergebnisse dargestellt. Dabei erreicht die Anwendung der zwei performantesten Regeln das beste Resultat. Durch die dritte Regel sinkt der Präzisionswert, es werden mehr fehlerfreie Fahrzeuge falsch prädiziert. Aus diesem Grund werden die Regeln 1 & 2 weiter betrachtet und Regel 3 verworfen.

Tabelle 4.4: Ergebnisse des Skope-Rules-Algorithmus für den Fehler $Clust_1$

Anzahl Regeln	BAC	Recall	Präzision	F1-Maß
1	0,733	0,467	0,7	0,56
2	0,832	0,667	0,667	0,667
3	0,832	0,667	0,625	0,645

Evaluation der Fehlerbedingungen

Die in den Regeln enthaltenen Bedingungen stellen die gesuchten Fehlerbedingungen dar, zum besseren Verständnis sind in Tabelle 4.5 die Beschreibungen der Merkmale aufgelistet. Auf die physikalischen Größen reduziert, bestehen die Fehlerbedingungen aus den internen Betriebsgrößen Strom I, Temperatur T und Ladezustand (engl. *State-of-Charge*) (SoC) der HV-Batterie sowie Drehmoment M und Drehzahl n der EM. Anhand der Wertebereiche der ermittelten Klassen können diese eingeordnet werden. Die Stromklasse der HV-Batterie bedeutet einen hohen Entladestrom der Batterie, wodurch der WR und die EM ebenfalls eine hohe Strombelastung aufweisen. Für die beiden Komponenten existieren keine separaten Lastkollektive des Stromes. Die hohe Strombelastung ist jedoch valide mit der Drehzahl- und Drehmomentklasse der EM, da diese Kombination der Größen für die verbaute EM einer hohen mechanischen Belastung entspricht. Der Wertebereich des SoC zeigt keine besondere Belastung, dagegen jedoch die zugehörigen Temperaturklassen. Diese sind ambivalent und zeigen an, dass die fehlerhaften Fahrzeuge sowohl mit niedrigen als auch mit hohen Batterietemperaturen betrieben werden.

Tabelle 4.5: Beschreibung der ermittelten Regelbedingungen

Merkmal	x-Achse	y-Achse
$LK16_{X2,Y5}$	HV-Batt $I \in [-400, -180]$ A	HV-Batt $T \in [15, 25]$ °C
$LK17_{X5,Y2}$	HV-Batt SoC $\in [60, 70]$ %	HV-Batt $T \in [-10, 0]$ °C
$LK17_{X5,Y5}$	HV-Batt SoC $\in [60, 70]$ %	HV-Batt $T \in [25, 35]$ °C
$LK72_{Y\_Modus}$	–	EM $\overline{LK}_M(n)$
$LK72_{X6,Y3}$	EM $M \in [120, 180]$ N m	EM $n \in [6000, 9000]$ 1/min

Die Ergebnisse der Auswertung des Fehlers B sind in Anhang A.2 aufge-
führt. Im Gegensatz zum Fehler A bestehen die Regelbedingungen für den
Fehler B vorwiegend aus den berechneten Statistikwerten, mit denen der Lastkollektivdatensatz angereichert wurde. Dies verdeutlicht die Notwendigkeit der
Berechnung zusätzlicher Merkmale im Rahmen der Datenaufbereitung. Der
dadurch erreichte Informationszuwachs im Datensatz führt zu einer besseren
Regelerstellung und dadurch zu eindeutigeren Fehlerbedingungen. Aus der
Beschreibung der Merkmale für den Fehler B wird ersichtlich, dass die Regelbedingungen die Zustandsgröße Geschwindigkeit, die Umgebungstemperatur
sowie die Komponenten HV-Batterie und WR betreffen. Der Fehlerort des
Fehlers B wird innerhalb der Werkstattdaten dagegen mit EM angegeben. Dies
stützt die für den Fehler A bereits getroffene Annahme, dass die innerhalb
der Werkstattdaten aufgeführte Fehlerbeschreibung zu unpräzise ist. Die in der
Methode zur Analyse der Fehlerbedingungen eingeführte Clusteranalyse ist
somit notwendig, um die unpräzisen Fehlerbeschreibungen der Werkstattdaten
für die Ermittlung der Fehlerbedingungen genauer zu differenzieren.

4.2 Bestimmung weiterer Einflussfaktoren

Im vorherigen Kapitel 4.1 wurden die Fehlerbedingungen auf Grundlage der
Lastkollektive ermittelt. Als Ergebnis liegen Bedingungen für einzelne Lastkollektivklassen vor, die auf einen Fehlerfall hindeuten. Diese Fehlerbedingungen
zeigen dabei nur spezifische Betriebszustände an, auf deren Basis noch kein
repräsentativer Prüfzyklus generiert werden kann. Aus diesem Grund werden

noch weitere Informationen zur Beschreibung der repräsentativen Nutzung
der fehlerhaften Fahrzeuge benötigt. Als fehlerhafte Fahrzeuge werden hierbei
ausschließlich die mit dem Regelsatz richtig prädizierten Fahrzeuge genutzt.
Die Informationen werden weiterhin Einflussfaktoren genannt und umfassen
die Lastkollektive, auf welche die Nutzung der fehlerhaften Fahrzeuge einen
direkten Einfluss hat.

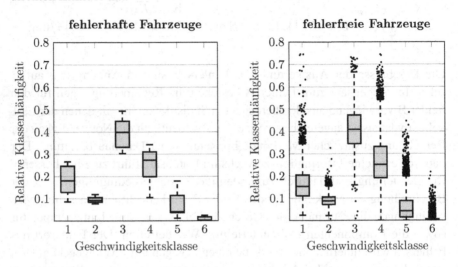

Abbildung 4.5: Box-Plot der Geschwindigkeitsverteilung

Die relevanten Einflussfaktoren für die Generierung des Geschwindigkeit-Zeit-
Verlaufs eines Prüfzyklus sind die bei der Fahrzeugnutzung auftretenden Geschwindigkeiten und Beschleunigungen, die der Prüfzyklus abbilden soll. Die
Verteilung des Einflussfaktors Geschwindigkeit ist für die fehlerhaften und
die fehlerfreie Fahrzeuge in Abbildung 4.5 anhand von sechs Geschwindigkeitsklassen dargestellt. Die relativen Klassenhäufigkeiten beider Verteilungen sind dabei ähnlich. Als Unterschied ist erkennbar, dass die fehlerhaften
Fahrzeuge im Vergleich zu den Medianwerten der fehlerfreien bei höheren
Geschwindigkeiten etwas höhere Anteile aufweisen. Daraus schließend wird
aus der Geschwindigkeitsverteilung der fehlerhaften Fahrzeuge anschließend
die mittlere Geschwindigkeit pro Klasse bestimmt und als Sollverteilung für
die Generierung der Prüfzyklen verwendet. Da im vorliegenden Datensatz kein
Lastkollektiv für die Beschleunigung existiert, kann für diese keine Sollver-

teilung erzeugt werden. Auf die gewählte Alternative zur Sollverteilung der Beschleunigung wird in Kapitel 6.2.3 eingegangen.

Zusätzlich zur Geschwindigkeit werden die Lastkollektive Fahrtdauer und Fahrtstrecke genutzt, um den Prüfzyklus zu definieren sowie die Lastkollektive Außentemperatur als Umgebungsbedingung und SoC bei Fahrtbeginn als Startbedingung. Die Box-Plots der zusätzlichen Einflussfaktoren sind in Anhang A.3 zu finden. Zur Bestimmung der verwendeten Faktorwerte sind in Tabelle 4.6 die statistischen Kennwerte Mittelwert (M), Medianwert (Md), 10 %-Perzentil (P10) und 90 %-Perzentil (P90) der Einflussfaktoren aufgelistet. Für die Fahrtstrecke (s_{Fahrt}) und die Fahrtdauer (t_{Fahrt}) liegen rechtsschiefe Verteilungen vor. Dies ist an den Differenzen zwischen Mittel- und Medianwerten erkennbar und bedeutet, dass wesentlich mehr kürzere Fahrten durchgeführt wurden. Zur indirekten Mitberücksichtigung der längeren Fahrten werden als Sollwerte für die beiden Einflussfaktoren die berechneten Mittelwerte gewählt. Damit sind die Sollwerte für das Geschwindigkeitsprofil, die Wegstrecke und die Dauer des Prüfzyklus definiert. Die Außentemperatur ($T_{Außen}$) hat einen Einfluss auf die Batterietemperatur, welche als eine der Fehlerbedingungen ermittelt wurde. Aufgrund der dabei ambivalenten Batterietemperaturklassen muss eine Außentemperatur pro Klasse gewählt und daraus resultierend müssen zwei Prüfzyklen generiert werden. Dafür werden das 10 %- und 90 %-Perzentil gewählt, deren Werte mit den Klassenwerten der Batterietemperatur übereinstimmen. Der letzte Einflussfaktor ist der SoC bei Fahrtbeginn (SoC_{start}), der als Startbedingung für die Prüfzyklen benötigt wird. Die Verteilung des SoC_{start} ist hierbei linksschief, da es mehr Starts mit hohen SoC-Werten gab. Aus diesem Grund wird als Sollwert der Medianwert gewählt, der zudem mit dem Wertebereich der ermittelten SoC-Klasse übereinstimmt.

Tabelle 4.6: Statistische Kennwerte der Einflussfaktoren

Faktor	Einheit	fehlerhafte Fahrzeuge				fehlerfreie Fahrzeuge			
		M	Md	P10	P90	M	Md	P10	P90
s_{Fahrt}	km	11,9	5,0	0,7	47,4	10,8	5,0	0,5	115,7
t_{Fahrt}	min	16,1	10,9	0,5	60,6	14,8	10,3	0,3	113,4
$T_{Außen}$	°C	10,5	10,4	-6,3	27,2	9,8	9,8	-16,6	37,6
SoC_{start}	%	55,2	66,1	12,3	95,8	53,4	61,5	6,9	99

4.3 Zwischenfazit

In diesem Kapitel wird eine Methode vorgestellt, mit der die Lastkollektive
aus Flottendaten hinsichtlich bekannter Fehlerfälle anhand des KDD-Prozesses
analysiert werden können. Die Methode wird genutzt, um die einleitend gestellte
erste Forschungsfrage zu beantworten. Diese lautet:

*Welche Gemeinsamkeit in der Nutzung haben die fehlerhaften Fahrzeuge, die
sie von der Flotte der fehlerfreien Fahrzeuge unterscheidet?*

Zur Identifizierung der gesuchten Gemeinsamkeit der fehlerfreien Fahrzeuge
findet zu Beginn die Aufbereitung der Lastkollektivdaten anhand der vorgestellten Algorithmen statt. Dabei wird der Datensatz ergänzt, bereinigt und skaliert,
die fehlerhaften Fahrzeuge werden in Cluster differenziert und die Unausgewogenheit zwischen fehlerhaften und fehlerfreien Fahrzeugen wird ausgeglichen.
Anschließend werden die relevanten Lastkollektivklassen ausgewählt und aus
diesen mit dem Skope-Rules-Algorithmus Regeln abgeleitet, anhand derer eine
Unterscheidung zwischen fehlerhaften und fehlerfreien Fahrzeugen möglich ist.
Diese Regeln beschreiben die Gemeinsamkeit der fehlerhaften Fahrzeuge und
die Unterscheidung zu den fehlerfreien Fahrzeugen. Aufgebaut sind die Regeln
aus mehreren Bedingungen und eine Bedingung besteht aus einer Lastkollektivklasse und einem Zustand. Die Bedingungen werden schlussfolgernd als
Fehlerbedingungen interpretiert und stellen die auftretende Belastung der internen Betriebsgrößen des Antriebsstrangs dar. Die Kombination der Belastungen
innerhalb einer Regel führt letztlich zum Fehlerfall.

In den nachfolgenden Kapiteln wird die zweite Forschungsfrage aufgegriffen:

*Wie kann aus Lastkollektiven eine statistisch abgesicherte, zeitkontinuierliche
Vorgabe generiert werden?*

Dazu wird in Kapitel 5 eine Gesamtfahrzeugsimulationsumgebung vorgestellt,
mit der die internen Betriebsgrößen des Antriebsstrangs berechnet werden
können. In Kombination mit den ermittelten Sollwerten für den Prüfzyklus wird
dieser abschließend in Kapitel 6 generiert.

5 Modellbildung und Simulation

Die im vorangegangenen Kapitel ermittelten Fehlerbedingungen, bestehend aus den internen Betriebsgrößen des Antriebsstrangs, sollen in der Prüfzyklengenerierung berücksichtigt werden. Dazu wird in diesem Kapitel eine Simulationsumgebung zur Berechnung der internen Betriebsgrößen des BEV eingeführt. Die funktionsorientierte Simulationsumgebung lässt sich in Anlehnung an Baumgartner [12] und Nollau [119] anhand der folgenden Merkmale klassifizieren:

- Die Simulationsumgebung ist signalflussorientiert, indem die Übertragungsglieder und Gleichungen als Blockschaltbilder dargestellt werden.
- Die Simulationsumgebung ist deterministisch, indem alle Eingangsdaten bekannt und die Ergebnisse stets eindeutig sind.
- Die Simulationsumgebung ist dynamisch, indem die transienten Systemzustände beachtet werden und die Simulationsumgebung im Rahmen der technischen Grenzen des Antriebsstrangs den vorgegebenen Prüfzyklen folgt.

In Kapitel 5.1 erfolgt die Vorstellung des Aufbaus der relevanten Komponentenmodelle, insbesondere der Modelle der HV-Batterie sowie des WR und der EM. Diese werden im Anschluss in Kapitel 5.2 zu einer Gesamtfahrzeugsimulationsumgebung zusammengefügt, die als vorwärtsgerichtete Simulation das dynamische Verhalten der Komponenten berücksichtigt. Abschließend erfolgt in Kapitel 5.3 eine Validierung der in Tabelle 4.5 aufgeführten Betriebsgrößen für das betrachtete BEV.

5.1 Aufbau der Komponentenmodelle

Die bestehenden Modellierungsansätze für Antriebsstrangkomponenten unterscheiden sich hinsichtlich der Komplexität und müssen entsprechend dem Anwendungszweck gewählt werden. Für die vorliegende Dissertation ergibt sich

© Der/die Autor(en), exklusiv lizenziert an
Springer Fachmedien Wiesbaden GmbH, ein Teil von Springer Nature 2024
A. Ebel, *Generierung von Prüfzyklen aus Flottendaten mittels bestärkenden Lernens*, Wissenschaftliche Reihe Fahrzeugtechnik Universität Stuttgart,
https://doi.org/10.1007/978-3-658-44220-0_5

hierbei ein Zielkonflikt aus den Kriterien Modellgüte, Berechnungsaufwand und Bedatungsaufwand. Die Komponentenmodelle müssen eine ausreichende Modellgüte aufweisen, um die internen Betriebsgrößen des untersuchten BEV realitätsnah abzubilden. Aufgrund der folgenden Einbindung der Simulationsumgebung in die Prüfzyklengenerierung müssen die Modelle einen geringen Berechnungsaufwand aufweisen, da viele Simulationen innerhalb der Prüfzyklengenerierung erfolgen. Letztlich muss der Bedatungsaufwand ebenfalls gering sein, wobei die Modelle über keine spezifischen internen Parameter der Komponenten verfügen sollten. Für die Bedatung der Modelle stehen nur die mit dem Versuchsfahrzeug nach Kapitel 3.1.2 aufgenommenen Messdaten zur Verfügung.

5.1.1 Hochvoltbatteriemodell

Für die Modellierung von Batterien existieren verschiedene Ansätze, die sich im Genauigkeits- und Komplexitätsgrad unterscheiden. Abhängig vom Grad der physikalischen Interpretation der in den Modellen dargestellten elektrochemischen Prozesse lassen sich Batteriemodelle in die drei Kategorien *White-Box-*, *Grey-Box-* und *Black-Box*-Modelle einteilen. Als *White-Box*-Modelle werden elektrochemische Modelle (ECM) bezeichnet, die anhand der physikalischen Gesetze das mikro- und makroskopische Verhalten der Batterie im Detail beschreiben. Diese Modelle erreichen die höchste Genauigkeit, sind allerdings auch die komplexesten mit dem größten Konfigurationsaufwand. Zur Bedatung der elektrochemischen Modelle werden Kennwerte der Batteriezelle benötigt, welche die Batteriehersteller nicht veröffentlichen. Durch Annahmen zur Vereinfachung innerhalb der elektrochemischen Modelle entstehen die sogenannten Modelle reduzierter Ordnung (red. Ord.), die zu den *Grey-Box*-Modellen gehören. Aufgrund der Annahmen sinken Genauigkeit und Komplexität, wodurch sich der Konfigurationsaufwand ebenfalls reduziert. Weiterhin gehören die elektrischen Ersatzschaltbilder (EESB), die das Batterieverhalten durch aus der Elektrotechnik stammende Ersatzschaltungen abbilden, zu den *Grey-Box*-Modellen. Dazu verwenden die äquivalenten EESB eine Kombination aus einer Spannungsquelle, Widerständen, Kondensatoren und teilweise nichtlinearen Elementen (bspw. die Warburg-Impedanz). Die Anzahl der Parameter dieser Modelle ist abhängig von der gewählten Struktur des EESB, die Parametrierung erfolgt in der Regel durch Umsetzungstabellen (engl. *Lookup-Tables*) (LUTs) anhand von Messdaten. Dadurch sinkt der Konfigurationsaufwand bei einer gleichzeitig akzeptablen Genauigkeit. Ein weiterer Ansatz der *Grey-Box*-Modelle sind die empirischen Modelle (Emp.), mit denen ein bestimmtes Merkmal des Batterieverhaltens durch mathematische Gleichungen beschrieben wird. Die Parametrierung der Gleichungen erfolgt ebenfalls anhand von Messdaten. Empirische Modelle sind am einfachsten zu konfigurieren, mit der Einschränkung einer geringeren Genauigkeit. Die letzte Kategorie der *Black-Box*-Modelle umfasst Verfahren, bei denen keine physikalischen Kenntnisse über die Batterie erforderlich sind. Dazu zählen ML-Modelle (bspw. KNN oder SVM) die anhand von Messdaten trainiert werden und das erlernte Verhalten wiedergeben. [86], [132], [163]

Zur Auswahl eines geeigneten Modellierungsansatzes werden nach Rao et al. [132] die teilweise schon eingeführten Metriken Genauigkeit, Interpretierbarkeit[1], Konfigurations- und Berechnungsaufwand (Zeit) verwendet. Genauigkeit und Interpretierbarkeit beschreiben die eingeführte Modellgüte und stehen im Zielkonflikt zu dem Konfigurations- und Berechnungsaufwand (Simulationszeit). Zur Lösung des Zielkonfliktes wird eine Gewichtung w eingeführt, wobei Genauigkeit und Interpretierbarkeit mit 0,3 gewichtet werden, da sie für die resultierenden Ergebnisse maßgeblich sind. Jeder Modellierungsansatz wird mit einer Punktzahl n_P bewertet, wobei $n_P \in [1,5]$ und eine höhere Punktzahl einer besseren Bewertung entspricht. Die Metriken Konfigurations- und Berechnungsaufwand sind invers bewertet, indem bspw. ein hoher Konfigurationsaufwand zu einer kleinen Punktzahl führt.

Für die vorliegende Dissertation ist nach der Bewertungsmatrix in Tabelle 5.1 das EESB-Modell am besten geeignet. Es erreicht die gleiche Punktzahl wie das empirische Modell, jedoch wird der Zielkonflikt zwischen Genauigkeit & Interpretierbarkeit und Konfigurations- & Berechnungsaufwand für die gewählte Gewichtung mit dem EESB besser gelöst.

Die Struktur des gewählten EESB-Modells wird auf Grundlage des allgemeinen Verständnisses von elektrochemischen Prozessen in Batterien bestimmt.

---

[1]Die Interpretierbarkeit zeigt an, ob das Modell ein qualitatives Verständnis des Batterieverhaltens liefert.

Tabelle 5.1: Bewertungsmatrix der Modellierungsansätze für Batterien; nach [132], [163]

Metrik	w	ECM		red. Ord.		EESB		Emp.		Black-Box	
		n_P	$n_P \cdot w$	n_P	$n_P \cdot w$	n_P	$n_P \cdot w$	n_P	$n_P \cdot w$	n_P	$n_P \cdot w$
Gen.	0,3	5	1,5	4	1,2	3	0,9	2	0,6	3	0,9
Int.	0,3	2	0,6	3	0,9	4	1,2	3	0,9	2	0,6
Kon.	0,2	2	0,4	3	0,6	3	0,6	4	0,8	2,5	0,5
Zeit	0,2	1	0,2	2	0,4	4	0,8	5	1	3	0,6
Summe	1,0	10	2,7	12	3,1	14	3,5	14	3,3	10,5	2,6

Gen. = Genauigkeit; Int. = Interpretierbarkeit; Kon. = Konfiguration

Dazu existieren nach Zhang et al. [163] die zwei grundsätzlichen Strukturen der impedanzbasierten EESB und Spannung-Strom (VI)-basierten EESB. Bei der impedanzbasierten EESB wird die Batteriezellimpedanz mittels einer elektrochemischen Impedanzspektroskopie bestimmt und in Form einer Warburg-Impedanz modelliert. Da dieses Vorgehen im Rahmen der Arbeit nicht möglich ist, da keine detaillierten Batterieinformationen oder Batteriezellen vorliegen, wird das VI basierte EESB gewählt und nach Abbildung 5.1 umgesetzt. Die Werte der Leerlaufspannung (engl. *Open-Circuit-Voltage*) (OCV) U_{OCV} und des Innenwiderstands R_I sind in Kennfeldern gespeichert. Dabei ist die OCV abhängig von der Batterietemperatur T_{Batt} und dem SoC, der Innenwiderstand dagegen ausschließlich vom SoC. Durch die drei RC-Glieder wird das Kurz-, Mittel- und Langzeitverhalten der HV-Batterie abgebildet. Die Bedatung des Modells erfolgt anhand von Messfahrten mit dem in Kapitel 3.1.2 vorgestellten Versuchsfahrzeug.

Zur Berechnung der Batterietemperatur wird das von Haubensak [71] entwickelte Temperaturmodell für das betrachtete BEV verwendet. Die HV-Batterie wird als Ein-Zustands-Modell dargestellt, die Wärmequelle wird anhand der ohmschen Verluste approximiert und die Verlustwärme über einen Kühlkreislauf abgeführt. Der Kühlkreislauf wird als thermodynamischer Kreisprozess aufgebaut und umfasst neben dem Radiator eine Batterieheizung, den Wärmeübertrager zur HV-Batterie und eine Pumpe.

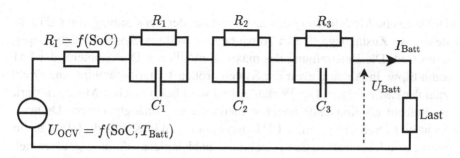

Abbildung 5.1: Darstellung des EESB-Modells; nach [163]

5.1.2 Modell des Wechselrichters und der elektrischen Maschine

Die Komponenten WR und EM sind im betrachteten BEV in einer Antriebseinheit integriert, weshalb eine Messung der internen Betriebsgrößen Spannung
und Strom zwischen den Komponenten nicht möglich ist. Deswegen wird ein
gemeinsames Modell für beide Komponenten erstellt, da die Modellvalidierung
nur für die Antriebseinheit erfolgen kann. Die grundlegenden Modellierungsansätze werden für die EM beschrieben und innerhalb der Implementierung des
Modells wird auf die Berücksichtigung des WR eingegangen.

Die Ansätze zur Modellierung der EM können nach Letrouvé et al. [107] in die
Kategorien dynamisch, statisch und quasi-statisch unterteilt werden. Das dyna-
mische Modell einer EM hängt dabei vom Maschinentyp (ASM, SM, ...) ab
und muss die elektromagnetische Nichtlinearität berücksichtigen. Die Ursachen
der Dynamik in EM lassen sich in elektrische (bspw. Oberschwingungen, Skin-
Effekt, Einfluss des WR), magnetische (bspw. Sättigungen), thermische (bspw.
Verluste, Kühlungsbedingungen) und mechanische (bspw. elektromagnetische
Kräfte) Aspekte aufteilen. Diese werden anhand einer Reihe homogener linearer
Differentialgleichungen beschrieben, die Spannungs-, Flussverkettungs- und
Drehmomentgleichungen enthalten. Die Bedatung dieser Gleichungen erfolgt
anhand interner Motorparameter, die teilweise durch Finite-Elemente-Analysen
der entsprechenden EM bestimmt werden. Für eine detaillierte Übersicht über
die maschinentypspezifischen Gleichungen sei auf Bilgin et al. [17] verwiesen.

Der statische Modellierungsansatz basiert auf der Verwendung von LUTs, in
denen die Zustandsgrößen in Abhängigkeit weiterer Systemgrößen gespeichert sind. Die Bestimmung des maximal möglichen Drehmoments der EM
kann bspw. in Abhängigkeit der Systemgrößen Batteriespannung und Drehzahl der EM erfolgen. Der Wirkungsgrad wird bei statischen Modellen stark
vereinfacht als Konstante angenommen oder in Abhängigkeit von Drehmoment und Drehzahl in einer LUT dargestellt. Lukic & Emado [109] geben
hierzu eine Übersicht zu den maschinentypabhängigen Wirkungsgradkennfel-
dern. Beim quasi-statischen Modellierungsansatz wird das statische Modell
zur Berücksichtigung des Zeitverhaltens der EM um ein Übertragungsglied
erweitert. [17], [37], [107]

Die Bewertungsmatrix der drei vorgestellten Modellierungsansätze ist in Tabelle 5.2 aufgeführt, wobei zur Vergleichbarkeit die Metriken und Gewichtungen
identisch zu den in Kapitel 5.1.1 gewählten sind. Da für die eingesetzte EM die
internen Maschinenparameter nicht bekannt sind, muss der Konfigurationsaufwand mit null Punkten bewertet werden. Als Ergebnis ist der quasi-statische
Modellierungsansatz für die vorliegende Dissertation am besten geeignet.

Tabelle 5.2: Bewertungsmatrix der Modellierungsansätze für EM; nach [107]

Metrik	w	dynamisch		statisch		quasi-statisch	
		n_P	$n_P \cdot w$	n_P	$n_P \cdot w$	n_P	$n_P \cdot w$
Genauigkeit	0,3	5	1,5	2	0,6	3	0,9
Interpretierbarkeit	0,3	4	1,2	3	0,9	3	0,9
Konfigurationsaufwand	0,2	0	0	4	0,8	4	0,8
Zeit	0,2	2	0,4	4	0,8	4	0,8
Summe	1,0	11	3,1	13	3,1	14	3,4

Die Implementierung des quasi-statischen Modells der EM erfolgt, indem LUTs
zur Abbildung des Drehmoment- und Wirkungsgradverhaltens verwendet werden. Das maximale Drehmoment ist hierbei ausschließlich drehzahlabhängig
und der Wirkungsgrad besitzt eine Abhängigkeit von der Drehzahl und dem
Drehmoment. Dabei wird der WR ebenfalls im Wirkungsgradkennfeld mitbe-
rücksichtigt, damit dieses für die ganze Antriebseinheit gilt. Zur Berechnung

des in Abbildung 5.2 dargestellten Wirkungsgradkennfelds wird dazu die elektrische Eingangsleistung des WR, mit den Messsignalen HV-Spannung U_{Batt} und Wechselrichterstrom I_{WR}, nach Gl. 5.1 bestimmt. Die Berechnung der mechanischen Ausgangsleistung erfolgt nach Gl. 5.2, mit den vom Bussystem aufgenommenen Signalen des EM-Drehmoments M_{EM} und der EM-Drehzahl n_{EM}.

$$P_{el} = U_{Batt} \cdot I_{WR} \qquad\qquad \text{Gl. 5.1}$$

$$P_{mech} = 2 \cdot \pi \cdot M_{EM} \cdot n_{EM} \qquad\qquad \text{Gl. 5.2}$$

Die Übertragungsfunktion zur Nachbildung des instationären Drehmomentenaufbaus der EM erfolgt über ein Verzögerungsglied zweiter Ordnung.

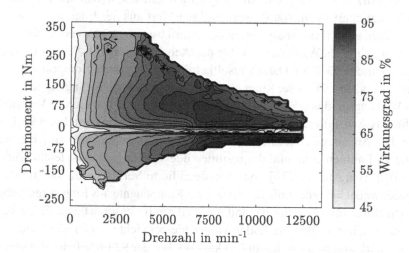

Abbildung 5.2: Darstellung des berechneten Wirkungsgradkennfelds der Antriebseinheit WR und EM

5.1.3 Weitere Komponentenmodelle

Zusätzlich zu den bereits beschriebenen Komponentenmodellen werden zur realitätsnahen Abbildung der internen Betriebsgrößen des BEV Modelle der weiteren, in Darstellung 3.1 in Kapitel 3.1 aufgeführten Komponenten des Antriebsstrangs und der Nebenverbraucher benötigt.

Getriebe

Das Getriebe des betrachteten BEV ist ein Einganggetriebe mit der festen Übersetzung i_{GTR}. Es handelt sich dabei um ein integriertes Bauteil, in dem zusätzlich das Achsdifferential zum Ausgleich der Drehzahlunterschiede der zwei Antriebswellen enthalten ist. Die Verluste innerhalb der Komponente werden über einen als konstant angenommenen Wirkungsgrad modelliert. Die Bedatung des Wirkungsgrads kann aufgrund fehlender Messsignale nicht anhand der Messdaten erfolgen, stattdessen wird ein Wert aus der Literatur verwendet. Laitinen et al. [106] analysierten den Antriebsstrang eines vergleichbaren BEV und geben als Wirkungsgrad für das Achsdifferential 98 % und für das Einganggetriebe 93 % an. Daraus resultiert für die integrierte Komponente ein Wirkungsgrad von 91,14 %. Ruan et al. [135] nennen für das Einganggetriebe einen Wirkungsgrad von 98 % (1 % Reibungsverluste und 1 % viskose Verluste) und für das Achsdifferential 95 %, woraus sich ein Wirkungsgrad von 93,1 % ergibt. Die Angaben der Wirkungsgrade für die Teilkomponenten sind hierbei konträr zu Laitinen et al. und der resultierende Wirkungsgrad ist leicht unterschiedlich. Hengst et al. [76] erstellten detaillierte Verlustkennfelder für das Getriebe, wobei hier ebenfalls die integrierte Komponente aus Einganggetriebe und Achsdifferential gemeint ist, und nutzen diese für anschließende Fahrzeugsimulationen. Die Verlustkennfelder wurden hierbei nicht veröffentlicht, nur der mittlere Wirkungsgrad für den Prüfzyklus WLTC, der 92,08 % beträgt. Dieser Wert entspricht in guter Annäherung dem Mittel zwischen Laitinen et al. und Ruan et al. und wird für die vorliegende Dissertation verwendet.

Antriebswellen

Die Antriebswellen verbinden das Achsdifferential mit den Rädern zur Übertragung des Drehmoments. Die Modellierung kann als starre Welle oder nach Kuncz [105] torsionselastisch als Zweimassenschwinger-Ersatzmodell erfolgen. Für diese Arbeit sind die Schwingungen des Antriebsstrangs zu vernachlässigen und die Antriebswellen werden zur Reduktion des Berechnungsaufwands als starre Wellen unter Berücksichtigung der Massenträgheitsmomente ausgeführt.

Bremsen

Die Bremsen dienen der Verzögerung des Fahrzeugs, indem die kinetische Energie in Wärme umgewandelt wird. Zur Modellierung der radindividuellen Bremsen wird ein einfaches Modell einer Scheibenbremse verwendet. Aus der Bremspedalstellung wird über ein Verzögerungsglied erster Ordnung der Aufbau des Hydraulikdrucks nachgebildet und anschließend mit den konstruktiven Parametern der Bremse und dem kinetischen Reibungskoeffizienten das Bremsmoment berechnet.

Reifen

Die Funktion der Reifen ist die Kraftübertragung vom Antriebsstrang auf die Straße, indem die rotatorische Bewegung des Antriebsstrangs in eine translatorische Fahrzeugbewegung überführt wird. Die übertragbare Längskraft[2] berechnet sich aus dem Produkt der Normalkraft F_N und dem Kraftschlussbeiwert μ zwischen Reifen und Straße, wobei dieser in Abhängigkeit vom Reifenschlupf als μ-Schlupf-Kurve angegeben werden kann. Die Modellierung der Reifen kann abhängig vom Detaillierungsgrad durch mathematische Modelle, physikalische Modelle und Mischformen erfolgen, wobei für eine detaillierte Ausführung auf Schramm et al. [146] verwiesen sei. Eine Herausforderung bei der Modellierung des Reifenverhaltens ist, dass die Reifenparameter bereits in

---

[2]Die Querkräfte der Reifen werden in dieser Arbeit nicht betrachtet, da das folgende Gesamtfahrzeugsimulationsmodell nur für längsdynamische Simulationen aufgebaut ist.

normalen Fahrsituationen in einem weiten Bereich variieren und anhand um-
fangreicher Messungen bestimmt werden müssen [146]. Da für die vorliegende
Dissertation die Reifenparameter und notwendigen Messsignale nicht vorliegen
und schlussfolgernd eine Bedatung und Validierung der μ-Schlupf-Kurve nicht
möglich ist, wird die Vereinfachung eines schlupffreien Reifens angenommen.
Diese Annahme kann getroffen werden, da durch das Simulationsmodell eine
durchschnittliche Kundenfahrt nachgebildet wird und keine fahrdynamischen
Untersuchungen (bspw. Beschleunigung von 0 - 100 km/h oder Betrachtung
unterschiedlicher Straßenreibwerte) vorgenommen werden. Die auftretenden
Längskräfte sind dementsprechend innerhalb der Traktionsgrenzen und die
Berücksichtigung des Reifenschlupfs ist nicht erforderlich.

Im implementierten Reifenmodell werden die Massenträgheitsmomente Θ aller
Komponenten des Antriebsstrangs berücksichtigt. Aus diesen und der Winkelbeschleunigung nach Gl. 5.3 berechnet sich das Beschleunigungsmoment des
Antriebsstrangs nach Gl. 5.4. Dieses wird vom Antriebsmoment subtrahiert
und ergibt unter Berücksichtigung des dynamischen Radhalbmessers r_{dyn} die
resultierende Antriebskraft. Im Reifenmodell wird zusätzlich die Rollwiderstandskraft F_{Roll} als Produkt der Normalkraft F_N und dem Rollwiderstandsko-
effizienten f_{Roll} berücksichtigt, wobei dieser als Konstante implementiert ist.
Die Differenz aus resultierender Antriebskraft und Rollwiderstandskraft ergibt
die Längskraft für das vereinfachte Reifenmodell.

$$\dot{\omega} = \frac{a_x}{r_{\text{dyn}}} \qquad\qquad \text{Gl. 5.3}$$

$$M_B = \sum \Theta \cdot \dot{\omega} \qquad\qquad \text{Gl. 5.4}$$

Nebenverbraucher

Zur exakten Abbildung der Betriebsgrößen Strom und SoC der HV-Batterie
muss, zusätzlich zur elektrischen Antriebsleistung, die elektrische Leistung
der Nebenverbraucher berücksichtigt werden. Dazu erfolgt eine Aufteilung
der Nebenverbraucher in die Subkomponenten Bordnetz und Klimatisierung.
Für beide Subkomponenten wird anschließend die elektrische Leistung anhand

der Messdaten aus Kapitel 3.1.2 bestimmt. Das Bordnetz wird dabei durch Bestimmung der mittleren elektrischen Leistung des Gleichspannungswandlers als Konstante abgebildet. Die Klimatisierung setzt sich aus den elektrischen Leistungen des Innenraumheizers und des Klimakompressors zusammen und wird in Abhängigkeit von der Außentemperatur als LUT modelliert.

5.2 Gesamtfahrzeugsimulationsumgebung

Zur Simulation der Prüfzyklen und Bestimmung der internen Betriebsgrößen werden die vorgestellten Komponentenmodelle in eine Gesamtfahrzeugsimulationsumgebung eingebunden. Dazu wird eine am FKFS entwickelte längsdynamische Vorwärtssimulation verwendet [42]. Diese wurde bereits für die optimierte Auslegung von Komponenten sowie die Bewertung von Antriebssträngen am Stuttgarter Fahrsimulator eingesetzt [42], [43], [44]. In dieser Arbeit wird die in Abbildung 5.3 dargestellte Gesamtfahrzeugsimulationsumgebung, die aus mehreren Subsystemen besteht, zur Bewertung der Prüfzyklen verwendet.

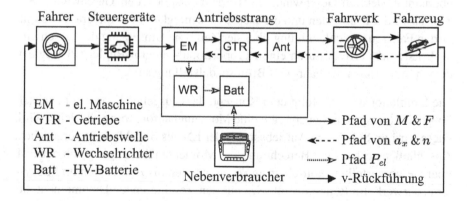

Abbildung 5.3: Darstellung der Regelungsstruktur der Gesamtfahrzeugsimulationsumgebung

Die eingesetzte Längsdynamiksimulation beschreibt die Geradeausfahrt des BEV unter Berücksichtigung der auf das Fahrzeug einwirkenden Kräfte, der sogenannten Fahrwiderstände. Die stationären Fahrwiderstände am Fahrzeug sind Roll-, Luft- und Steigungswiderstand. Zum Gesamtwiderstand nach Gl. 5.5 wird zusätzlich der dynamische Widerstand (translatorischer und rotatorischer Beschleunigungswiderstand) addiert. Die Summe der Fahrwiderstände muss vom Antriebsstrang überwunden werden und wird Antriebskraft oder Zugkraft genannt. [92]

$$F_{\text{Zug}} = F_{\text{Roll}} + F_{\text{Luft}} + F_{\text{Steig}} + F_{\text{B}} \qquad\qquad \text{Gl. 5.5}$$

mit:

Rollwiderstand:	$F_{\text{Roll}} = F_{\text{N}} \cdot f_{\text{Roll}} \cdot \cos\alpha_{\text{Steig}}$
Luftwiderstand:	$F_{\text{Luft}} = \frac{1}{2} \cdot \rho_{\text{Luft}} \cdot A_{\text{FZG}} \cdot c_w \cdot v_x^2$
Steigungswiderstand:	$F_{\text{Steig}} = m_{\text{FZG}} \cdot g \cdot \sin\alpha_{\text{Steig}}$
Beschleunigungswiderstand:	$F_{\text{B}} = \left(\frac{\sum\Theta}{r_{\text{dyn}}^2} + m_{\text{FZG}} \right) \cdot a_x$

Die Gesamtfahrzeugsimulationsumgebung ist als geschlossener Regelkreis aufgebaut, bei dem ein Fahrermodell die Aufgabe der Geschwindigkeitsregelung übernimmt. Der Soll-Geschwindigkeitsverlauf entspricht dem Geschwindigkeits-Zeit-Profil der Prüfzyklen und die Ist-Geschwindigkeit dem Integral der simulierten Fahrzeugbeschleunigung über der Zeit. Die Umsetzung des Geschwindigkeitsreglers erfolgt durch einen Proportional-Integral-Regler (PI-Regler), dessen Stellgrößen die Fahr- und Bremspedalstellung sind.

Die Simulationsstruktur folgt dem Konzept, dass ausgehend von den Pedalstellungen im Subsystem Steuergeräte eine Momentenanforderung abgeleitet wird. Diese wird im Subsystem Antriebsstrang der EM als Soll-Moment vorgegeben. Anschließend erfolgt die Berechnung der Momentenübertragung von der EM über die vorgestellten Antriebsstrangkomponenten bis zum Reifen im Subsystem Fahrwerk. Im Reifenmodell wird aus dem resultierenden Drehmoment die Längskraft[3] berechnet, von der abschließend im Subsystem Fahrzeug die Kräfte Luft- und Steigungswiderstand subtrahiert werden. Das Ergebnis der Kräftebilanzierung ist die Kraft des translatorischen Beschleunigungswiderstands,

---

[3]Die Längskraft ist hierbei die Differenz aus der Antriebskraft und der Summe aus Rollwiderstand und rotatorischem Beschleunigungswiderstand.

aus der unter Berücksichtigung der Fahrzeugmasse die aktuelle Fahrzeuglängsbeschleunigung berechnet wird. Aus dieser folgt einerseits durch Integration
die Ist-Geschwindigkeit, die als Rückführung des Regelkreises dem Fahrermodell übergeben wird. Andererseits findet zur Vermeidung von algebraischen
Schleifen im folgenden Zeitschritt eine Rückführung innerhalb der Simulationsumgebung statt, indem die Fahrzeuglängsbeschleunigung zum Reifenmodell
geleitet und darin die Winkelbeschleunigung berechnet wird. Durch Integration
der Winkelbeschleunigung über der Zeit ergibt sich die Drehzahl, deren Übertragung konträr zum Drehmoment durch die Antriebsstrangkomponenten bis
zur EM erfolgt.

Die in Abbildung 5.3 dargestellte Gesamtfahrzeugsimulationsumgebung besteht
aus den Subsystemen Fahrer, Steuergeräte, Antriebsstrang, Nebenverbraucher,
Fahrwerk und Fahrzeug. Das Subsystem Fahrer enthält den bereits eingeführten Geschwindigkeitsregler. Die Steuergerätestruktur des realen Fahrzeugs
wird im Subsystem Steuergeräte abstrahiert, indem die relevanten Steuergeräte-
funktionen hier abgebildet sind. Dadurch erfolgt eine Trennung zwischen den
Funktions- und Komponentenmodellen. Innerhalb des Subsystems Steuergeräte werden die Pedalstellungen, unter Berücksichtigung der von Hauser [72]
entwickelten Rekuperationsstrategie für das betrachtete BEV, in die Momentenanforderung überführt. In das Subsystem Antriebsstrang sind die bereits
vorgestellten Komponentenmodelle HV-Batterie, EM & WR, Getriebe und
Antriebswellen integriert. Für die detailliertere Vorstellung der verwendeten
Struktur zur Abbildung einer Vielzahl von möglichen Antriebstopologien sei
auf Ebel et al. [42], [44] verwiesen. Die Modelle des Bordnetzes und der Klimatisierung sind im Subsystem Nebenverbraucher eingebunden, die Summe von
deren elektrischen Leistungen wird dem Modell der HV-Batterie als Belastung
zugeführt. Das Subsystem Fahrwerk beinhaltet die radindividuellen Modelle
der Bremsen und Reifen, die in Kapitel 5.1.3 vorgestellt wurden. Die Dynamik
des BEV ist im Subsystem Fahrzeug modelliert und unterteilt sich in Längs-
und Vertikaldynamik. Die Gleichungen der Längsdynamik wurden einleitend in
Gl. 5.5 dargestellt. Innerhalb der Vertikaldynamik ist das Nicken des Fahrzeugs
und die daraus resultierende dynamische Achslastverlagerung modelliert, die
bei der radindividuellen Berechnung des Rollwiderstands Anwendung findet.

5.3 Validierung der Simulationsgrößen

Die Validierung der Gesamtfahrzeugsimulationsumgebung ist ein notwendiger Schritt im Rahmen der Modellbildung, um belastbare Simulationsergebnisse erzielen zu können. Nach Schlesinger et al. [144] ist die Validierung der Nachweis, dass ein computergestütztes Modell in seinem Anwendungsbereich einen ausreichenden Genauigkeitsbereich aufweist, welcher der beabsichtigten Anwendung des Modells entspricht. Dazu wird ein Vergleich der Simulationsergebnisse mit dem realen Systemverhalten durchgeführt. Als reales Systemverhalten dienen hierzu die in Kapitel 3.1.2 eingeführten Studiendaten, wobei die Validierung anhand einer Messfahrt erfolgt. Der Anwendungsbereich des Simulationsmodells ist auf die Berechnung der internen Betriebsgrößen für die in Kapitel 4.1 ermittelten Fehlerursachen begrenzt, dementsprechend werden ausschließlich diese Signale validiert. Der geforderte Genauigkeitsbereich der Simulationsergebnisse hängt indirekt vom Klassenraster der anschließenden Klassierung der Signale ab.

Als Metriken für die Validierung werden die ISO 18571 [122] und die Wurzel der mittleren Fehlerquadratsumme (engl. *Root-Mean-Square-Error*) (RMSE) angewandt. Die ISO 18571 wurde speziell für den Bereich der Fahrzeugtechnik zum Vergleich zweier nicht eindeutiger Signale (bspw. Zeitverlaufskurven) aus einer Messung und einem Berechnungsmodell entwickelt. Die Metrik besteht aus den einzelnen Bewertungen der Merkmale Korridor, Phase, Magnitude und Steigung. Für deren mathematische Berechnungen sei auf die Norm verwiesen. Das Ergebnis der Berechnungen ist ein jeweiliger Kennwert $\in [0, 1]$, wobei ein hoher Wert einem guten Ergebnis entspricht. Aus den Merkmalsbewertungen wird anschließend eine ISO-Gesamtbewertung R_{ISO} berechnet, indem diese anhand der Vorgabe der ISO 18571 gewichtet werden (der Korridor mit 0,4, alle Weiteren mit 0,2). Aus der ISO-Gesamtbewertung erfolgt abschließend die Ableitung des Bewertungsgrades ISO-Grad für die Übereinstimmung des Mess- und Simulationssignals nach der Skala exzellent ($R_{ISO} > 0,94$), gut ($0,80 < R_{ISO} \leq 0,94$), ausreichend ($0,58 < R_{ISO} \leq 0,80$) und schlecht ($R_{ISO} \leq 0,58$).

Die einzelnen Merkmalsbewertungen bedeuten im Detail:

- **Korridor:** Für die Korridormetrik wird die Abweichung zwischen den Signalen auf Basis zweier Korridore um das Messsignal, dem inneren und dem äußeren Korridor, berechnet. Für jeden Zeitschritt wird geprüft, ob das Simulationssignal im inneren, äußeren oder außerhalb des äußeren Korridors liegt und abhängig davon eine lineare Bewertung von 1 (im inneren Korridor) bis 0 (außerhalb des äußeren Korridors) vergeben. Die finale Korridorbewertung eines Signals ist der Mittelwert aller Bewertungen zu den analysierten Zeitschritten.

- **Phase:** Die Phasenbewertung wird verwendet, um die Phasenverschiebung zwischen den beiden Signalverläufen zu beschreiben.

- **Magnitude:** Die Magnitude (Magn.) ist ein Maß für die Abweichung der Amplitude der beiden Zeitverläufe und ist definiert für den Zustand, wenn zwischen den Signalen keine Zeitverzögerung besteht.

- **Steigung:** Die Steigungsbewertung beschreibt die Abweichung der Steigung an jedem Punkt der beiden Zeitverläufe unter Berücksichtigung der ggf. vorhandenen Zeitverschiebung.

Neben der ISO 18571 wird als zweite Metrik der RMSE nach Gl. 5.6 eingeführt. Mit dem RMSE wird die durchschnittliche Abweichung zwischen Messdaten x_i und Simulationsergebnissen y_i als Absolutwert berechnet. Dabei weist der RMSE eine identische Sensitivität zu Phasen-, Magnitude- und Steigungsfehlern auf.

$$RMSE = \sqrt{\frac{1}{N} \sum_{i=1}^{N} (y_i - x_i)^2} \qquad \text{Gl. 5.6}$$

Die Validierungsergebnisse der relevanten Signale aus der Gesamtfahrzeugsimulationsumgebung sind in Tabelle 5.3 aufgelistet, die zugehörigen Abbildungen für den graphischen Vergleich befinden sich in Anhang B.1. Die Temperatur der HV-Batterie muss bei der Validierung gesondert betrachtet werden, da innerhalb der Messstudie keine Messung möglich war. Deswegen erfolgt die Batterietemperaturvalidierung über den Wärmeeintrag der HV-Batterie in den

Kühlkreislauf, indem die Vor- und Rücklauftemperatur im betrachteten BEV mit den Simulationsergebnissen verglichen werden.

Tabelle 5.3: Ergebnisse der Validierung mit ISO 18571 und RMSE

Signal	Korridor	Phase	Magn.	Steigung	R_{ISO}	ISO-Grad	RMSE
I_{Batt}	0,98	0,89	0,82	0,82	0,90	gut	33,7 A
SoC	1,0	1,0	1,0	0,81	0,96	exzellent	0,34 %
T_{vor}	0,99	1,0	0,99	0,55	0,90	gut	1,19 °C
$T_{rück}$	0,99	1,0	0,99	0,31	0,85	gut	0,99 °C
M_{EM}	0,96	0,92	0,73	0,81	0,87	gut	21,1 N m
n_{EM}	1,0	0,89	0,98	0,97	0,97	exzellent	253 1/min

Die implementierte Gesamtfahrzeugsimulationsumgebung erreicht für die relevanten Betriebsgrößen entsprechend der ISO 18571 die ISO-Grade gut bis exzellent. Nach den Merkmalsbewertungen der ISO 18571 liegt die Ungenauigkeit der Komponentenmodelle in der Abbildung der Steigung, wobei dies insbesondere die Temperatursignale des Batteriekühlkreises betrifft. Abschließend müssen die Ergebnisse der Validierung in Bezug auf die folgende Klassierung der Simulationssignale betrachtet werden. Die Klassierung ist notwendig, um die Simulationsergebnisse mit den Lastkollektivklassen der Flottendaten vergleichen zu können. Relevant für die Klassierung der Simulationssignale ist nach Kapitel 2.2.2 deren Amplitude, dargestellt in den Validierungsergebnissen anhand der Merkmalsbewertung Magnitude. Durch Anwendung der ISO-Bewertungsskala auf die Validierungsergebnisse der Magnitude erreichen die Signale die ISO-Grade: M_{EM} ausreichend, I_{Batt} gut und die weiteren Signale exzellent. Die entwickelte Gesamtfahrzeugsimulationsumgebung kann somit für die Generierung der Prüfzyklen verwendet werden.

6 Prüfzyklengenerierung

Die Methode zur Generierung des Prüfzyklus sowie deren erzielte Ergebnisse werden im folgenden Kapitel vorgestellt. In der Einführung in Kapitel 6.1 werden die getroffenen Vorgaben und Annahmen für die Prüfzyklen aufgeführt und daraus eine Methodik abgeleitet. In Kapitel 6.2 wird anschließend die detaillierte Entwicklung der Methode und der darin enthaltenen Elemente erläutert. Den Abschluss bildet die Anwendung der entwickelten Methode in Kapitel 6.3, indem für den in Kapitel 4 analysierten Fehler A ein repräsentativer Prüfzyklus generiert wird.

6.1 Einführung in die Prüfzyklengenerierung

Die Generierung eines Prüfzyklus kann, wie in Kapitel 2.3.1 dargestellt, anhand einer Markov-Kette erfolgen. Ein Prüfzyklus weist die Markov-Eigenschaft auf, da die Wahrscheinlichkeit des Übergangs von einem Zustand in den nachfolgenden nicht von den vorangegangenen Zuständen abhängt. Dies wird in der Literatur dazu genutzt, anhand von umfangreichen Messfahrten eine TPM zu bilden und mit dieser Prüfzyklen zu erstellen. Die TPM bildet hierbei das Fahrverhalten der Messfahrten in komprimierter Form ab, weshalb der daraus generierte Prüfzyklus dies ebenfalls tut. In der vorliegenden Dissertation soll dagegen ein Prüfzyklus für einen spezifischen Fehlerfall generiert werden, für den das gesuchte Fahrverhalten nicht als Messung vorliegt. Eine Möglichkeit, die TPM unabhängig von Messdaten zu erstellen, wird in der Arbeit von Dietrich et al. [38] vorgestellt. Dabei wird die Markov-Kette in einen MDP überführt und dieser durch das in Kapitel 3.2.4 eingeführte Q-Lernen gelöst. Der diskrete Zustandsraum der TPM ist hierbei begrenzt und die dadurch gespeicherte Informationsmenge limitiert. Die Begrenzung des Zustandsraums folgt aus dem ersten Nachteil des Q-Lernens, der beschränkten Durchführbarkeit bei großen Zustandsräumen, da die Größe der TPM exponentiell mit der Anzahl an Zuständen und Aktionen wächst. Als zweiter Nachteil kann das Q-Lernen nicht in unbekannten Zuständen verwendet werden. Diesbezüglich muss jeder Zustand während des Lernvorgangs zur Erstellung der TPM betrachtet werden, weshalb der Zeitaufwand mit der Größe des Zustandsraums zunimmt. Die beiden Nachteile führen für große Zustandsräume letztlich zu einem rechenintensiven Algorithmus und einem großen Speicherplatzbedarf. Die Lösung dieser Herausforderung besteht in der Approximation der TPM durch ein KNN und der Anwendung von DQL. Dies ermöglicht die Erweiterung des Zustandsraums, indem die Auflösung der Zustandsgrößen Geschwindigkeit und Beschleunigung erhöht sowie die zusätzliche Zustandsgröße der Fahrbahnsteigung eingeführt werden.

6.2 Entwicklung der Prüfzyklengenerierung

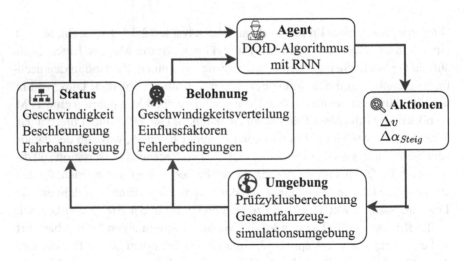

Abbildung 6.1: Darstellung der Prüfzyklengenerierung mittels bestärkenden Lernens

Die Methode zur Prüfzyklengenerierung, dargestellt in Abbildung 6.1, basiert auf dem DQfD-Algorithmus aus dem Bereich des bestärkenden Lernens aus Kapitel 3.2.4. Innerhalb des DQfD-Algorithmus wählt der Agent anhand seiner

Strategie eine Aktion aus, wobei das Wissen für die Auswahl der optimalen Aktion innerhalb eines RNN gespeichert ist, vorgestellt in Kapitel 6.2.1. Die gewählte Aktion führt zu einer Geschwindigkeits- und Steigungsänderung. Innerhalb der Umgebung, welche die Berechnung des Prüfzyklus umfasst, wird der dreidimensionale Zustandsraum aus den Zustandsgrößen Geschwindigkeit, Beschleunigung und Fahrbahnsteigung eingesetzt. Die Zustandsgrößen Geschwindigkeit und Beschleunigung ergeben sich aus der Grundanforderung an ein Geschwindigkeits-Zeit-Profil, die Zustandsgröße Fahrbahnsteigung dient als Einflussgröße zur Variation der Belastung des Antriebsstrangs. Die Wertebereiche für die Zustandsgrößen Geschwindigkeit und Beschleunigung werden anhand der Studiendaten für das betrachtete BEV mit $v \in [0\,\text{km/h}, 160\,\text{km/h}]$ und $a_x \in [-5\,\text{m/s}^2, 5\,\text{m/s}^2]$ bestimmt. Die Auflösungen ergeben sich aus der gewählten Methodik zu 0,1 m/s sowie 0,1 m/s^2 und werden in Kapitel 6.2.2 detaillierter hergeleitet. Für die Fahrbahnsteigung wird ein Wertebereich von $\alpha_{\text{Steig}} \in [-12°, 12°]$ und eine Auflösung von 1,2° gewählt. Die Herleitung dazu erfolgt ebenfalls in Kapitel 6.2.2. Auf der Grundlage der gewählten Aktion wird der nächste Zustand für den Prüfzyklus berechnet und als Status dem Agenten übergeben. Zudem findet innerhalb der Umgebung eine Interaktion mit der Gesamtfahrzeugsimulationsumgebung statt, indem die Prüfzyklen als Vorgabe für die Simulation genutzt und mit dieser die internen Betriebsgrößen des Antriebsstrangs berechnet werden. Aus den Ergebnissen der Simulation wird das Vorhandensein der Fehlerbedingungen abgeleitet und für die Berechnung der Belohnungsfunktion in Kapitel 6.2.3 genutzt. Weiterhin besteht die Belohnungsfunktion aus einer Bewertung der Geschwindigkeitsverteilung des Prüfzyklus sowie der in Kapitel 4.2 eingeführten Einflussfaktoren. In Kapitel 6.2.4 werden der DQfD-Algorithmus und die Elemente zu einem Ablauf zusammengesetzt und der entwickelte Lernvorgang detailliert vorgestellt.

6.2.1 Entwicklung des Agenten

Ziel des Agenten ist, eine Vorgehensweise zu lernen, um den Ertrag der Belohnungen zu maximieren. Dabei muss der Agent einerseits Entscheidungen treffen bzw. Aktionen ausführen und andererseits eine Gütebewertung der Aktionen vornehmen. Die angewandte Strategie beschreibt hierbei den Entscheidungsprozess der Aktionsauswahl durch eine Abbildung des aktuellen

Umgebungszustands auf eine Wahrscheinlichkeitsverteilung der möglichen Aktionen. Die Gütebewertung der Aktionen wird anhand der Aktionswertefunktion $Q(s, a)$ vollzogen, die eine Abbildung von einem Zustands-Aktions-Paar auf den erwarteten Ertrag (Wert) der Strategie ist.

Bei der Aktionsauswahl des Agenten wird differenziert zwischen dem Lernvorgang und der Generierung der Prüfzyklen. Beim Lernvorgang erfolgt die Aktionsauswahl anhand der ε-Greedy-Strategie. Der Parameter ε wird hierbei im Verlauf des Lernvorgangs angepasst, indem zu Beginn gleichviel Exploration und Exploitation zugelassen wird und mit zunehmenden Lernfortschritt die Exploration anteilig abnimmt. Nach Abschluss des Lernvorgangs wird für die Generierung der Prüfzyklen die Aktionsauswahl anhand der Softmax-Strategie nach Gl. 3.28 getroffen. Diese wird nach Sutton & Barto [151] erweitert, indem für die Wahrscheinlichkeitsverteilung der Aktionswertefunktion $Q(s, a)$ nach Gl. 6.1 eine Normierung sowie Skalierung mit dem positiven Parameter τ erfolgt. Mit zunehmendem τ nimmt die Wahrscheinlichkeit ab, eine Aktion auf Grundlage ihres Q-Wertes auszuwählen. Sinkt τ gegen null, nähert sich die Wahrscheinlichkeit, die Aktion mit dem größten Q-Wert auszuwählen, gegen eins, wodurch beim Wert $\tau = 0$ die Softmax-Strategie der Greedy-Strategie entspricht. Die Kombination der ε-Greedy-Strategie und der Softmax-Strategie wird gewählt, um deren individuelle Vorteile für das Training und die Generierung zu nutzen. Die ε-Greedy-Strategie bezieht bei der Exploration durch die Zufallsauswahl der Aktionen den gesamten Zustandsraum ein, wodurch dieser während des Trainings vollumfänglich abgedeckt wird. Bei der Generierung der Prüfzyklen soll dagegen keine Zufallsauswahl der Aktionen erfolgen, sondern die Aktionsauswahl der optimalen gelernten Strategie folgen. Dies entspricht der Greedy-Strategie. Im Prüfzyklus ist allerdings eine gewisse Variation notwendig, bspw. damit aus dem Stillstand heraus verschiedene Geschwindigkeitsbereiche angefahren werden können, weshalb die Generierung der Prüfzyklen mit der Softmax-Strategie und $\tau = 0{,}5$ erfolgt.

$$Q'(s, a) = \frac{Q(s, a) - \min_{a' \in A} Q(s, a')}{\tau(\max_{a' \in A} Q(s, a') - \min_{a' \in A} Q(s, a'))} \qquad \text{Gl. 6.1}$$

Die Aktionswertefunktion $Q(s, a)$ gibt für den Zustand s die Q-Werte der möglichen Aktionen a aus, wobei diese im Verlauf des Lernvorgangs auf Grundlage der erzielten Belohnungen fortlaufend angepasst werden. Die Darstellung von $Q(s, a)$ ist dabei abhängig von der Umgebung, in welcher der Agent lernt. In dieser Arbeit ist einerseits der gewählte Zustandsraum der Umgebung groß und andererseits soll durch die Generierung des Prüfzyklus ein zeitbasierter Verlauf gelernt werden. Aus diesem Grund wird die Aktionswertefunktion durch ein RNN approximiert, bestehend aus einer Eingabeschicht, GRU-Schichten sowie einer Ausgabeschicht, dargestellt in Abbildung 6.2. Die Dimension der Eingabeschicht entspricht hierbei der Anzahl an Zustandsgrößen im Zustandsraum, die Ausgabeschicht ist anhand der möglichen Aktionen definiert. Das Training des GRU-Netzes auf einen zeitkontinuierlichen Verlauf basiert auf der Eingabe von sequentiellen Daten, die nacheinander abgearbeitet werden. Dies steht im Gegensatz zum DQL, bei dem das Lernen aus den abgespeicherten Erfahrungen erfolgt, wobei die Erfahrungen per Zufallsprinzip aus dem Datensatz gezogen werden und dadurch keinen zeitlichen Zusammenhang aufweisen. Zur Lösung des Zielkonflikts wird in Anlehnung an Kapturowski et al. [88] der Datensatz der Erfahrungswiederholungen erweitert, indem Sequenzen von Erfahrungen statt einzelner Erfahrungen abgespeichert werden.

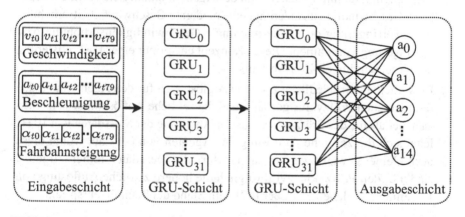

Abbildung 6.2: Darstellung des eingesetzten RNN

6.2.2 Entwicklung der Umgebung

Der Agent interagiert mit der Umgebung, indem die vom Agenten ausgewählte Aktion zu einem neuen Status (bzw. Zustand) der Umgebung führt. Dabei sind der Zustandsraum und die Anzahl möglicher Aktionen von der Umgebung abhängig. Der Zustandsraum wurde bereits in der Einführung der Methode in Kapitel 6.2 vorgestellt. Die Anzahl möglicher Aktionen und die daraus resultierende Auflösung des Zustandsraums werden nachfolgend hergeleitet.

Für die Definition der Aktionen findet eine Unterscheidung zwischen Änderung der Geschwindigkeit Δv und Änderung der Fahrbahnsteigung $\Delta \alpha_{Steig}$ statt. Im Ansatz nach Dietrich et al. [38] wird die Aktion der Geschwindigkeitsänderung direkt auf den Zyklus angewandt. Daraus folgt, dass die Anzahl der Aktionen mit der gewählten Auflösung der Zustandsgrößen skaliert. Diese Abhängigkeit wird aufgelöst, indem die folgenden zwei Konzepte eingeführt werden:

1. Es werden fünf Aktionen auf Grundlage der maximalen und minimalen Beschleunigung definiert. Dabei kann der Agent in einem Zeitschritt entweder keine Geschwindigkeitsänderung, eine moderate Geschwindigkeitserhöhung bzw. -verringerung oder eine maximale Geschwindigkeitserhöhung bzw. -verringerung vornehmen. Dieses Konzept entspricht einer Diskretisierung des Geschwindigkeit-Zeit-Verlaufs.

2. Es werden unterschiedliche zeitliche Auflösungen für den Agenten und den resultierenden Prüfzyklus gewählt, und die zeitliche Auflösung des Agenten ist höher als die des Prüfzyklus. Aus der Abtastung der Messdaten von 10 Hz leitet sich die zeitliche Auflösung des Agenten von 0,1 s ab, wobei diese auch kleiner gewählt werden kann, sofern die Messdaten feiner aufgelöst sind. Für den Prüfzyklus wird folglich die höhere zeitliche Auflösung von 1 s definiert, welche nach Eßer [47] dem Stand der Technik entspricht.

Aus den beiden Konzepten und dem gewählten Zustandsraum ergeben sich die Auflösungen der Zustandsgrößen Geschwindigkeit und Beschleunigung. Für den gewählten Beschleunigungsbereich von $[-5\,\text{m/s}^2, 5\,\text{m/s}^2]$ und der zeitlichen Schrittweite des Agenten von 0,1 s ergibt sich eine maximale Geschwindigkeitserhöhung von 0,5 m/s sowie -verringerung von −0,5 m/s. Als moderate Werte werden aus der Literatur die Geschwindigkeitsänderungen von 0,1 m/s, bzw. −0,1 m/s gewählt. Diese Werte entsprechen der höchsten Auflösung der Geschwindigkeit, die für bisherige Markov-Ketten-Verfahren genutzt wurde [47]. Weiterhin folgt aus der gewählten moderaten Geschwindigkeitsänderung die Auflösung der Beschleunigung im Prüfzyklus zu 0,1 m/s², da dessen zeitliche Auflösung mit 1 s definiert wurde. Der Vorteil der eingeführten Konzepte liegt darin, dass eine feinere Auflösung der Zustandsgrößen durch eine kleinere zeitliche Auflösung des Agenten realisiert werden kann, ohne dass eine Erhöhung der Anzahl an Aktionen folgt.

Für die Fahrbahnsteigung werden die drei folgenden Aktionen definiert: keine, positive oder negative Fahrbahnsteigungsänderung. Die Werte für die positive und negative Änderung leiten sich aus dem Wertebereich der Fahrbahnsteigung von $[-12°, 12°]$ sowie dem Verhältnis aus den Zeitschrittweiten von Prüfzyklus und Agent zu $1,2°$ und $-1,2°$ ab. Der Steigungs-Zeit-Verlauf des Prüfzyklus errechnet sich im Anschluss aus der gleitenden Mittelwertbildung über 5 s. Zum Nachweis, dass die Auflösung der Fahrbahnsteigung ausreichend ist, wird die reale Fahrbahnsteigung der Messdaten anhand der drei Aktionen synthetisiert und das Ergebnis mit den Messdaten verglichen. Für den Vergleich wird nach Kapitel 5.3 die ISO 18571 sowie der RMSE angewandt. In Tabelle 6.1 sind die zugehörigen Ergebnisse aufgeführt[1], wobei die synthetische Abbildung der realen Fahrbahnsteigung mit dem ISO-Grad Exzellent bewertet wird. Weiterhin liegt der Wert des RMSE unterhalb der feinsten in der Literatur gewählten Auflösung der Fahrbahnsteigung von $0,2°$ [47]. Aus diesen beiden Gründen sind die verwendeten drei Aktionen mit der Auflösung der Fahrbahnsteigung von $1,2°$ ausreichend.

Tabelle 6.1: Ergebnisse der Fahrbahnsteigung mit ISO 18571 und RMSE

Signal	Korridor	Phase	Magnitude	Steigung	R_{ISO}	ISO-Grad	RMSE
α_{Steig}	1,0	1,0	0,87	0,95	0,96	Exzellent	0,13°

Da die Aktionen der Geschwindigkeits- und Steigungsänderung unabhängig voneinander sind, führt eine Kombination der beiden zu den in Tabelle 6.2 aufgelisteten 15 möglichen Aktionen. Der Agent hat die Möglichkeit, während des Lernvorgangs in jedem Zustand der Umgebung eine der möglichen

---

[1]Der visuelle Vergleich ist in Anhang C.1 aufgeführt.

Aktionen auszuwählen. Dabei kann eine Verletzung der Wertebereiche der Zustandsgrößen auftreten, bspw. indem im Zustand $v = 0\,\text{m/s}$ eine negative Geschwindigkeitsänderung gewählt wird. Damit dies nicht vorkommt, werden die Wertebereichsgrenzen der Zustandsgrößen auf die vorgegebenen limitiert. Bei einer unzulässigen Aktion wird diese ignoriert und der Agent mit einer negativen Belohnung bestraft.

Tabelle 6.2: Tabelle möglicher Aktionen a

Δv	$\Delta\alpha_{\text{Steig}} = -1{,}2°$	$\Delta\alpha_{\text{Steig}} = 0°$	$\Delta\alpha_{\text{Steig}} = 1{,}2°$
$0\,\text{m/s}$	$a = 0$	$a = 5$	$a = 10$
$0{,}1\,\text{m/s}$	$a = 1$	$a = 6$	$a = 11$
$0{,}5\,\text{m/s}$	$a = 2$	$a = 7$	$a = 12$
$-0{,}1\,\text{m/s}$	$a = 3$	$a = 8$	$a = 13$
$-0{,}5\,\text{m/s}$	$a = 4$	$a = 9$	$a = 14$

Anhand der vom Agenten gewählten Aktion wird der neue Zustand der Umgebung berechnet. Dazu findet eine Decodierung der Aktion nach Tabelle 6.2 statt, woraus eine Geschwindigkeits- und Steigungsänderung resultiert. Wählt der Agent bspw. die Aktion $a = 2$, führt das zur Geschwindigkeitsänderung $\Delta v = 0{,}5\,\text{m/s}$ sowie zur Steigungsänderung $\Delta\alpha_{\text{Steig}} = -1{,}2°$. Für die Zustandsgröße Geschwindigkeit berechnet sich der neue Zustand aus der Summe der aktuellen Geschwindigkeit und der Geschwindigkeitsänderung. Befindet sich die Umgebung bspw. im Zustand $v = 10\,\text{m/s}$ und der Agent wählt die Aktion $a = 2$, resultiert dies im neuen Zustand $v = 10{,}5\,\text{m/s}$. Als neue Zustandsgröße Beschleunigung wird die Beschleunigungsänderung aus der Geschwindigkeitsänderung und der zeitlichen Auflösung des Agenten berechnet. Für die gewählte Aktion $a = 2$ führt dies zum neuen Zustand $a = 5\,\text{m/s}^2$. Der neue Zustand der Fahrbahnsteigung berechnet sich analog der Zustandsgröße Geschwindigkeit. Aus der Aktion $a = 2$ folgt die Zustandsänderung $\alpha_{\text{Steig}} = -1{,}2°$. Alle drei Zustandsgrößen bilden zusammen den neuen Status der Umgebung, der dem Agenten rückgemeldet wird.

In Abbildung 6.3 ist die Interaktion zwischen Agent und Umgebung für einen Zeitraum von 5 s dargestellt sowie der daraus resultierende Prüfzyklus. Die vom

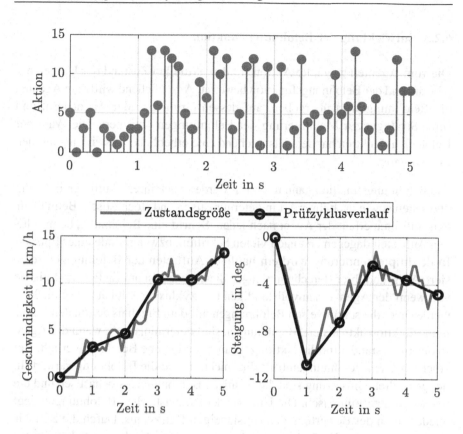

Abbildung 6.3: Darstellung der Aktionsauswahl und der daraus resultierenden Zustandsgrößen Geschwindigkeit und Steigung

Agenten gewählten Aktionen führen zur beschriebenen Änderung der Zustandsgrößen, dargestellt für die Zustandsgrößen Geschwindigkeit und Steigung. Der
Prüfzyklusverlauf der Geschwindigkeit und der Steigung wird aufgrund der
unterschiedlichen Zeitbasen zwischen Agent (0,1 s) und Prüfzyklus (1 s) aus
den Zustandsgrößen über zehn Zeitschritte des Agenten berechnet. Die Berechnung des finalen Steigungs-Zeit-Verlaufs des Prüfzyklus erfolgt über eine
anschließende Glättung des Signals anhand des gleitenden Mittelwerts über
fünf Zeitschritte des Prüfzyklus (nicht dargestellt in Abbildung 6.3).

6.2.3 Entwicklung der Belohnungsfunktion

Die vom Agenten gewählte Aktion für den aktuellen Zustand der Umgebung wird anhand der Belohnungsfunktion bewertet. Anschließend wird dem Agenten ein Belohnungswert übergeben, auf dessen Grundlage der Agent lernt und seine Strategie zur Maximierung der Belohnungen optimiert. Die Wahl der Belohnungsfunktion hat dementsprechend eine erhebliche Auswirkung auf den Lernvorgang.

Die Belohnungsfunktion kann unterteilt werden nach ihrem Auftreten in häufig und selten sowie nach ihrer Art in deterministisch und stochastisch. Beim häufigen Auftreten erhält der Agent nach jedem Schritt eine Belohnung, beim seltenen Auftreten dagegen erst nach vielen Schritten, bzw. am Ende einer Episode. In der Implementierung wird ein häufiges Auftreten der Belohnungen realisiert. Aufgrund ihrer Berechnung liegen diese zwar erst am Ende einer Episode vor, wenn der Agent einen vollständigen Prüfzyklus erstellt hat. Abschließend werden aber die schrittweisen Belohnungen mit dem Ergebnis der finalen Belohnungsfunktion aktualisiert. Belohnungen sind deterministisch, wenn der Agent in einem Zustand s für die Aktion a immer die gleiche Belohnung erhält. Bei stochastischen Belohnungen trifft dies nicht zu und die Belohnung variiert. In der gewählten Umsetzung sind die positiven Belohnungen stochastisch und die negativen deterministisch. Die Ursache der stochastischen Belohnungen liegt wiederum an der Bewertung des vollständigen Prüfzyklus. Durch die Betrachtung des gesamten Prüfzyklus zur Berechnung der Belohnungen können für einen einzelnen Zustand und die darin gewählte Aktion in der Gesamtbetrachtung unterschiedliche Ergebnisse für den Prüfzyklus auftreten. Die negativen Belohnungen treten dagegen immer dann auf, wenn in einem Zustand eine unzulässige Aktion gewählt wird, sie sind dementsprechend deterministisch.

Bevor die gewählte Belohnungsfunktion vorgestellt wird, werden die Anforderungen aufgeführt, welche der zu generierende Prüfzyklus erfüllen soll und die dementsprechend durch die Belohnungsfunktion berücksichtigt werden müssen:

- Der Geschwindigkeits-Zeit-Verlauf soll der Geschwindigkeitsverteilung der fehlerhaften Fahrzeuge aus Kapitel 4.2 entsprechen.

- Die Beschleunigungen im Geschwindigkeits-Zeit-Verlauf sollen die maximale Dynamik innerhalb der Messdaten nicht überschreiten. Zur Berechnung der Dynamik muss eine Metrik eingeführt werden.

- Der Steigungs-Zeit-Verlauf soll für die Möglichkeit der zukünftigen zeitlichen Aneinanderreihung mehrerer Prüfzyklen die Eigenschaft aufweisen, dass die daraus resultierende Höhe am Anfang und zum Ende des Prüfzyklus gleich ist.

- Die in Kapitel 4.1 ermittelten Fehlerbedingungen sollen durch den Prüfzyklus abgebildet werden.

- Der Agent soll eine negative Belohnung (Bestrafung) erhalten, wenn er eine unzulässige Aktion wählt.

- Dauer und Wegstrecke des Prüfzyklus sollen den in Kapitel 4.2 hergeleiteten Sollwerten der fehlerhaften Fahrzeuge entsprechen.

Zur Berücksichtigung aller aufgeführten Anforderungen in der Belohnungsfunktion besteht diese aus den folgenden Elementen:

1. Bewertung der Zustandsgrößen (Geschwindigkeit, Beschleunigung und Fahrbahnsteigung)

2. Bewertung der Fehlerbedingungen

3. einem Bestrafungsterm

4. einer abschließenden Bewertung hinsichtlich der Zykluslänge

Für die Bewertung der Zustandsgrößen wird aus der Differenz vom jeweiligen Soll- und Istwert die Belohnung $\mathcal{R}$ nach Gl. 6.2 berechnet. Dadurch wird eine Skalierung der Belohnungen auf den Bereich $[0, 1]$ erreicht.

$$\mathcal{R} = \frac{1}{1 + \text{Differenz}} \qquad \text{Gl. 6.2}$$

Die Differenz der Zustandsgröße Geschwindigkeit berechnet sich aus der Histogramm-Differenz (HD) der in Tabelle 6.3 aufgeführten Sollverteilung und der analogen Klassierung des Geschwindigkeits-Zeit-Verlaufs. Dabei wird der Stillstand $v = 0\,\text{km/h}$ nicht berücksichtigt, da dieser keinen Beitrag zur Belastung liefert. Aufgrund der unterschiedlichen Klassenbreite wird zur Berechnung der HD nach Gl. 6.3 die relative Häufigkeitsdichte H der Klassen $i \in LK$ verwendet.

Tabelle 6.3: Geschwindigkeitsverteilung für den repräsentativen Prüfzyklus

Klasse i in km/h	0,1-8	8-50	50-90	90-120	120-160
Anteil	11,7 %	48,4 %	30,8 %	8,2 %	0,9 %

$$HD = \sum_{i \in LK} |H_{soll}(i) - H_{ist}(i)| \qquad \text{Gl. 6.3}$$

Für die Zustandsgröße Beschleunigung existiert keine Sollverteilung. Damit die auftretenden Beschleunigungen im Geschwindigkeits-Zeit-Verlauf keine unrealistischen Werte annehmen, bspw. indem eine Abbildung der Belastungen des Antriebsstrangs über die Beschleunigungen stattfindet, muss eine Vorgabe erfolgen. Dazu wird die Metrik „relative positive Beschleunigung" (engl. *Relative-Positive-Acceleration*) (RPA) zur Berechnung der Dynamik nach Giakoumis [63] eingeführt. Diese wird nach Gl. 6.4 für den gesamten Prüfzyklus mit der Wegstrecke s_{Fahrt} berechnet.

$$RPA = \frac{1}{s_{Fahrt}} \int_0^t v(t) \cdot a(t)\, dt \quad \text{für } a(t) > 0 \qquad \text{Gl. 6.4}$$

Damit die Vorgabe auch auf negative Beschleunigungen, die relevant für die Rekuperation des betrachteten BEV sind, angewandt werden kann, wird aus der RPA die Metrik „relative negative Beschleunigung" (engl. *Relative-Negative-Acceleration*) (RNA) abgeleitet. Die Berechnung dieser erfolgt analog nach Gl. 6.4 für die Bedingung $a(t) < 0$. Beide Metriken werden auf die Messdaten aus Kapitel 3.1.2 angewandt und als Sollwerte die jeweiligen Extrema von $RPA = 0,26\,\text{m/s}^2$ und $RNA = -0,23\,\text{m/s}^2$ festgelegt[2]. Die Belohnung berechnet sich abhängig vom Zustand aus der Differenz der RPA-Werte für $a(s) > 0$ oder der RNA-Werte für $a(s) < 0$ nach Gl. 6.2.

Die Zustandsgröße Fahrbahnsteigung dient als „freier" Parameter zur Abbildung der benötigten Belastung. Einzig die Bedingung keiner Höhendifferenz zwischen Anfang und Ende des Prüfzyklus muss beachtet werden. Dazu wird

---

[2]Die RPA- und RNA-Werte aller Messfahrten sind in Anhang C.2 dargestellt.

die Höhe am Ende des Prüfzyklus aus der Integration der Fahrbahnsteigung über der Wegstrecke berechnet und als Differenz in Gl. 6.2 eingesetzt, da der Anfangswert der Höhe 0 m beträgt.

Bei der Bewertung der Fehlerbedingungen muss beachtet werden, dass maximal vier der fünf Fehlerbedingungen in einem Prüfzyklus auftreten können, da die Temperaturbereiche zweier Fehlerbedingungen ambivalent sind. Der Wertebereich der Belohnung soll zudem gleich dem der Zustandsgrößen mit $[0, 1]$ sein, damit die Fehlerbedingungen nicht stärker gewichtet werden. Aus diesen beiden Voraussetzungen resultiert, dass der Agent für die Erfüllung jeder Fehlerbedingung nach Kapitel 4.1 eine Belohnung von 0,25 erhält.

Der Wert der negativen Belohnung zur Bestrafung des Agenten bei unzulässigen Aktionen leitet sich aus den Belohnungen der drei Zustandsgrößen und der Fehlerbedingungen ab. Die Summe dieser Belohnungen erreicht aufgrund deren Skalierung auf den Wertebereich $[0, 1]$ maximal den Wert 4. Da selbst in diesem optimalen Zustand eine unzulässige Aktion bestraft werden soll, wird die negative Belohnung mit -5 definiert.

Die letzten zu berücksichtigenden Bedingungen sind die geforderte Wegstrecke und die Dauer des Prüfzyklus. Die Berücksichtigung der Wegstrecke findet in der Umgebung statt, indem eine Episode erst bei Erreichen der geforderten Wegstrecke beendet wird. Darauf wird im folgenden Kapitel 6.2.4 näher eingegangen. Die Dauer des Prüfzyklus kann demgegenüber nur indirekt berücksichtigt werden. Der Grund liegt im Ablauf des Lernvorgangs, bei dem der Agent aus per Zufallsprinzip ausgewählten Sequenzen von Erfahrungen lernt. Diese Sequenzen sind wesentlich kürzer als ein Prüfzyklus. Dadurch ist es theoretisch möglich, dass die identische Sequenz in einem Prüfzyklus zu einem guten Ergebnis bzgl. der Dauer führt und in einem anderen zu einem schlechten. Aus diesem Grund wird eine indirekte Berücksichtigung umgesetzt, bei der die Summe aller vorherigen Belohnungen mit dem Verhältnis vom Sollwert zum Istwert der Prüfzyklusdauer skaliert wird.

6.2.4 Ablauf des Lernvorgangs

Der Ablauf des Lernvorgangs unterteilt sich in die zwei Phasen Vortraining und bestärkendes Lernen, dargestellt in Abbildung 6.4. Zu Beginn müssen die Anzahl der Vortrainingsschritte, die Anzahl an Episoden beim bestärkenden Lernen, die Anzahl der pro Trainingsschritt genutzten Erfahrungssequenzen bs sowie die Frequenz definiert werden, mit der das Zielnetz aktualisiert wird. Anschließend startet das in Kapitel 3.2.4 beschriebene Vortraining anhand der initialisierten Demonstrationen. Pro Vortrainingsschritt wird eine festgelegte Anzahl an Erfahrungssequenzen, das sogenannte *Batch*, per Zufallswahl aus dem Datensatz $\mathcal{D}_{replay}$ gezogen und das Q-Netz mit diesen trainiert. Die Aktualisierung des Zielnetzes mit den trainierbaren Parametern des Q-Netzes erfolgt regelmäßig mit der definierten Frequenz an Trainingsschritten. Nach Erreichen der festgelegten Anzahl an Vortrainingsschritten geht der Lernvorgang in das bestärkende Lernen über.

In der zweiten Phase des Lernvorgangs erkundet der Agent die Umgebung, indem dieser mittels der ε-Greedy-Strategie eine der 15 Aktionen auswählt, diese anschließend ausführt und den neuen Zustand der Umgebung sowie eine Belohnung erhält. Die beim Erkunden gesammelten Erfahrungen werden dabei im Datensatz $\mathcal{D}'$ zwischengespeichert und der Vorgang wiederholt, bis die Zustandsgröße Geschwindigkeit den Zustand $0\,\mathrm{m/s}$ annimmt sowie der Sollwert der Wegstrecke erreicht ist. Anschließend enthält der Datensatz $\mathcal{D}'$ einen Prüfzyklus, dessen Bewertung im Anschluss erfolgt. Dazu wird zu Beginn der Bewertung die Gesamtfahrzeugsimulation mit dem Prüfzyklus als Vorgabe durchgeführt. Die zeitkontinuierlichen Ergebnisse der internen Betriebsgrößen des Antriebsstrangs werden in der Nachbearbeitung der Simulation gleich den Lastkollektiven der Fehlerbedingungen klassiert und das Eintreten der Fehlerbedingungen wird geprüft. Damit liegen alle Voraussetzungen für die Berechnung der Belohnungen nach Kapitel 6.2.3 vor. Die Summe dieser ergibt den Belohnungswert $\mathcal{R}$, mit dem alle gesammelten Belohnungen innerhalb der Erfahrungen in $\mathcal{D}'$ aktualisiert werden. Bevor der daraus resultierende Datensatz in $\mathcal{D}_{replay}$ gespeichert wird, erfolgt die Aufteilung von $\mathcal{D}'$ in Sequenzen definierter Länge. Erreicht der Datensatz $\mathcal{D}_{replay}$ sein definiertes Speicherlimit, werden vorherige generierte Erfahrungen überschrieben. Abschließend erfolgen das Training des Q-Netzes und die Aktualisierung des Zielnetzes analog dem

Vortraining. Die zweite Phase des bestärkenden Lernens wird wiederholt, bis die festgelegte Anzahl an Trainingsepisoden erreicht ist.

1: **Input:** $\mathcal{D}_{\text{replay}}$: initialisiert mit Demonstrationen; Initialisierte Gewichte des Q-Netzes θ und Zielnetzes θ^-; bs: Batch-Größe; f_θ: Frequenz zur Aktualisierung des Zielnetzes; N_T: Anzahl Vortrainingsschritte; N_E: Anzahl Trainingsepisoden

2: **for each** Lernschritt $i \in \{1, 2, \ldots, N_T\}$ **do** $\qquad\qquad$ ▷ Vortraining

3: $\qquad$ Ziehe eine Auswahl von bs Erfahrungssequenzen aus $\mathcal{D}_{\text{replay}}$ mit Priorisierung

4: $\qquad$ Berechne $\mathcal{L}(Q)$ anhand $Q(s, a, \theta)$ und Aktualisiere θ

5: $\qquad$ **if** $i \bmod f_\theta = 0$ **then** $\theta^- \leftarrow \theta$ **end if**

6: **end for**

7: **for each** Episode $e \in \{1, 2, \ldots, N_E\}$ **do** $\qquad\qquad$ ▷ bestärkendes Lernen

8: $\qquad$ Reset Zustand s; $\mathcal{D}' = [\,]$

9: $\qquad$ **repeat** $\qquad\qquad\qquad\qquad\qquad\qquad$ ▷ Erkunden der Umgebung

10: $\qquad\qquad$ Auswahl der Aktion a anhand der Strategie $\pi(a \mid s)$

11: $\qquad\qquad$ Ausführen der Aktion a in der Umgebung und Erhalte (s', r)

12: $\qquad\qquad$ Speichere (s, a, r, s') in $\mathcal{D}'$

13: $\qquad\qquad$ $s \leftarrow s'$

14: $\qquad$ **until** $v = 0\,\text{m/s} \wedge s_{\text{Fahrt}} > s_{\text{Fahrt,soll}}$

15: $\qquad$ Ausführen Gesamtfahrzeugsimulation

16: $\qquad$ Klassierung Simulationsergebnisse & Bewertung Fehlerbedingungen

17: $\qquad$ Berechne $\mathcal{R}$ und Aktualisiere alle r in $\mathcal{D}'$

18: $\qquad$ Speichere $\mathcal{D}'$ als Sequenzen in $\mathcal{D}_{\text{replay}}$

19: $\qquad$ **for** $i \in \{1, \ldots, 10\}$ **do** $\qquad\qquad\qquad$ ▷ Training des Q-Netzes

20: $\qquad\qquad$ Ziehe eine Auswahl von bs Erfahrungssequenzen aus $\mathcal{D}_{\text{replay}}$ mit Priorisierung

21: $\qquad\qquad$ Berechne $\mathcal{L}(Q)$ anhand $Q(s, a, \theta)$ und Aktualisiere θ

22: $\qquad$ **end for**

23: $\qquad$ **if** $(10 \cdot e) \bmod f_\theta = 0$ **then** $\theta^- \leftarrow \theta$ **end if**

24: **end for**

Abbildung 6.4: Pseudocode: Lernvorgang zur Zyklusgenerierung; nach [77]

6.3 Anwendung der Prüfzyklengenerierung

Die Anwendung der Methode zur Generierung der Prüfzyklen wird nach den zwei Phasen des Lernvorgangs unterteilt in das Vortraining und das bestärkende Lernen. Innerhalb der Phasen werden die in Abbildung 6.4 eingeführten Parameter bestimmt und das RNN des Agenten trainiert. Anschließend werden mit dem trainierten Modell Prüfzyklen für die ermittelten Fehlerbedingungen des in Kapitel 4 analysierten Fehlerfalls generiert und deren Repräsentativität nachgewiesen.

6.3.1 Vortraining des Agenten anhand von Demonstrationen

Der erste Schritt des Lernvorgangs ist das Vortraining anhand von Demonstrationen. Als Demonstrationen werden die Studiendaten aus Kapitel 3.1.2 verwendet und aus diesen ein Datensatz von Erfahrungen $E_t = (S_t, A_t, R_t, S_{t+1})$ abgeleitet. Die Belohnung R_t wird für alle Erfahrungen mit eins bewertet. Zu Beginn des Vortrainings werden die einzelnen Erfahrungen zu Sequenzen aus 80 zeitlich aufeinanderfolgenden Erfahrungen zusammengesetzt, wobei sich die Sequenzen um 40 Erfahrungen überschneiden. Die Anzahl der Erfahrungen pro Sequenz sowie die Anzahl der Überschneidungen sind in Anlehnung an Kapturowski et al. [88] gewählt. Eine Übersicht der weiterhin verwendeten Hyperparameter ist in Anhang C.3 gegeben.

Der letzte zu bestimmende Parameter des Vortrainings ist die Anzahl an notwendigen Trainingsschritten N_T. Zur Bestimmung wird dieser zunächst mit 10 000 angenommen und ein Vortraining durchgeführt. Der Verlauf der Lernkurve, welche aus der Summe der berechneten Verluste aus Kapitel 3.2.4 besteht, ist in Abbildung 6.5 dargestellt. Für die Festlegung von N_T sind daraus zwei Faktoren entscheidend. Einerseits nehmen die Gesamtverluste zu Beginn stetig ab, bis diese im Bereich von 4000 - 5000 Trainingsschritten beginnen, bis zum Ende des Vortrainings zu stagnieren. Andererseits sind in der Vergrößerung in Abbildung 6.5 die zu Beginn des Vortrainings auftretenden Spitzen hervorgehoben, welche aufgrund der Aktualisierung des Zielnetzes regelmäßig mit dessen Aktualisierungs-Frequenz f_θ auftreten. Diese Spitzen nehmen im Verlauf des Vortrainings ab und sind ab 5000 Trainingsschritten an vernachlässigbar gering.

In Anbetracht dieser beiden Gründe wird die Anzahl an Vortrainingsschritten mit 5000 festgelegt.

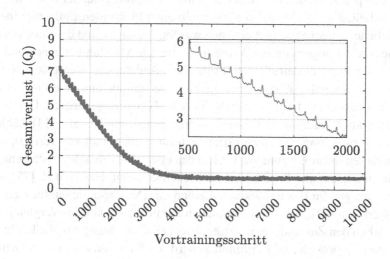

Abbildung 6.5: Darstellung der Lernkurve des Vortrainings mit vergrößertem Ausschnitt der Vortrainingsschritte 500 bis 2000

Nach Beenden der Vortrainingsphase sind die trainierbaren Parameter des RNN derart angepasst, dass dieses das Verhalten innerhalb der Messdaten wiedergibt. Dadurch besteht die Möglichkeit, Zyklen zu generieren, welche allerdings die Anforderungen an die Prüfzyklen noch nicht erfüllen. Der Geschwindigkeits- und Steigungsverlauf eines derartigen beispielhaften Zyklus ist in Anhang C.4 dargestellt. Durch das Vortraining verfügt der Agent über das Wissen des Aufbaus und der Zusammenhänge innerhalb eines Zyklus. Dieses Wissen wird in der anschließenden Lernphase genutzt.

6.3.2 Training des Agenten anhand der Umgebung

In der zweiten Phase des Lernvorgangs, dem bestärkenden Lernen, wird vom Agenten das Ziel verfolgt, die Summe der Belohnungen zu maximieren, wodurch der Prüfzyklus an die Anforderungen angepasst wird. Dabei tritt ein Zielkonflikt zwischen Exploration und Exploitation auf. Einerseits ist der Zustandsraum nach dem Vortraining noch nicht vollumfänglich abgedeckt, weswegen noch Exploration notwendig ist. Gründe dafür können unterschiedliche Fahrzeugtypen zwischen den Messdaten und dem Prüfzyklus sein oder wie in dieser Arbeit, dass die Messdaten innerhalb einer Probandenstudie mit einem vorgegebenen Streckenverlauf erhoben wurden. Dadurch sind die Streckenabschnitte sowie topographischen Verhältnisse für alle Messfahrten gleich und es fehlt die Variation für den späteren Prüfzyklus. Andererseits wurde dem Agenten im Vortraining das Wissen über die Zyklenerstellung antrainiert und er ist dadurch bereits in der Lage, selbstständig neue Zyklen zu generieren. Durch zu viel Exploration kann dieses Wissen verloren gehen. Mnih et al. [114] wählen ohne die Verwendung von Demonstrationen für ε einen Startwert von 1,0, verringern diesen linear bis zum Wert 0,1 in den ersten Schritten des bestärkenden Lernens und halten ihn für das weitere Lernen konstant. Hester et al. [77] verwenden dagegen für das bestärkende Lernen mit Demonstrationen für ε einen fixen Wert von 0,01, wobei die genutzten Demonstrationen im Vergleich zu dieser Arbeit den Zustandsraum besser abdecken. Zur Lösung des Zielkonflikts zwischen Exploration und Exploitation wird der Wert von ε im ersten Drittel des bestärkenden Lernens linear von 0,3 auf 0,01 reduziert und anschließend konstant gehalten. Dies stellt einen Kompromiss aus Mnih et al. und Hester et al. dar, indem der Startwert von ε aufgrund des vorhandenen Vorwissens mit 0,3 kleiner als bei Mnih et al. (1,0) gewählt, jedoch deren Strategie der linearen Abnahme von ε angewandt wird, bis dieser den Wert 0,01 von Hester et al. erreicht.

Vor dem Start des bestärkenden Lernens müssen die Anforderungen an den Prüfzyklus sowie die Startwerte für die Gesamtfahrzeugsimulation parametriert werden. In Tabelle 6.4 sind dazu die Sollwerte der zusätzlichen Einflussfaktoren aus Kapitel 4.2 aufgelistet. Wegstrecke und Dauer werden dabei in der Umgebung und der Belohnungsfunktion berücksichtigt, die Temperatur sowie der SoC werden als Startwerte für die Simulation eingesetzt.

Tabelle 6.4: Sollwerte der Einflussfaktoren für den repräsentativen Prüfzyklus

Faktor	s_{Fahrt} in km	t_{Fahrt} in s	$T_{Außen}$ in °C	SoC_{start} in %
Wert	11,9	966	-6,3 & 27,2	66,1

Das bestärkende Lernen wird für eine Anzahl festgelegter Episoden durchgeführt, wobei innerhalb einer Episode der Agent einen Prüfzyklus erkundet. Eine
Episode wird beendet, sobald der erkundete Prüfzyklus die Anforderung der
Wegstrecke erfüllt und die Zustandsgröße Geschwindigkeit den Zustand 0 m/s
annimmt. Der Verlauf der Belohnungen für die Lernphase des bestärkenden
Lernens mit 1000 Episoden ist in Abbildung 6.6 dargestellt. Dabei entspricht
die aufgezeigte Belohnung der Summe aller Belohnungen innerhalb einer Episode. Der Verlauf der Belohnungen zeigt Schwankungen, die hauptsächlich
zu Beginn des bestärkenden Lernens auftreten und durch den entsprechend
hohen Explorationsanteil erklärt werden können. In dieser Phase erkundet der
Agent vermehrt die Umgebung und gelangt dadurch in nicht lohnende Bereiche des Zustandsraums. Im weiteren Verlauf sinkt der Explorationsanteil
und der Verlauf der Belohnungen nähert sich einem Grenzwert von 19 000
an. Ab 700 - 800 Episoden beginnt der Verlauf zu stagnieren, der Agent hat
eine Strategie gelernt, die dieser nicht weiter optimieren kann. Die weiterhin
vorhandenen Schwankungen sind auf die Prüfzyklusdauer zurückzuführen, die
zur Skalierung der Belohnungen genutzt wird. Diese erreicht nicht die gestellte
Anforderung, was im folgenden Ergebnisteil eingehender erörtert wird. Die 800

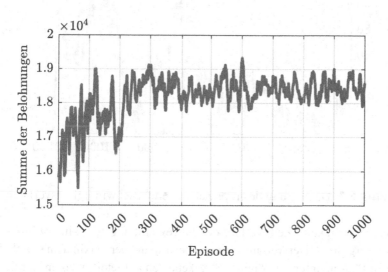

Abbildung 6.6: Darstellung des Verlaufs der erhaltenen Belohnungen

Episoden werden schlussfolgernd als notwendige Anzahl an Trainingsepisoden N_E festgelegt. Nachdem diese durchlaufen sind, hat der Agent eine optimierte Strategie gefunden und kann repräsentative Prüfzyklen generieren.

6.3.3 Ergebnisse der Prüfzyklengenerierung

Zur Generierung der Prüfzyklen wird das trainierte RNN mit dem Softmax-Verfahren kombiniert und es wird analog dem Teil „Erkunden der Umgebung" aus Abbildung 6.4 vorgegangen. Die Ergebnisse werden für einen Lernvorgang mit der Anforderung $T_{\text{Außen}} = 27{,}2\,°C$ generiert, wobei mehrere Prüfzyklen erstellt und ein Prüfzyklus als Beispiel zur Ergebnisdarstellung ausgewählt wird. Die Ergebnisse für den Lernvorgang mit $T_{\text{Außen}} = -6{,}3\,°C$ sind in Anhang C.5 aufgeführt.

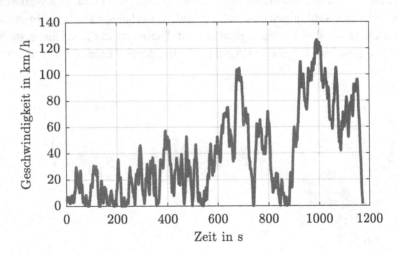

Abbildung 6.7: Darstellung des repräsentativen Geschwindigkeitsverlaufs

Der Geschwindigkeits-Zeit-Verlauf des ausgewählten Prüfzyklus ist in Abbildung 6.7 dargestellt. Der Verlauf kann hierbei anhand der maximalen Geschwindigkeit in Phasen unterschiedlicher Streckenarten aufgeteilt werden, für deren Übergänge die lokalen Minima des Geschwindigkeitsverlaufs gewählt werden. Die erste Phase umfasst den Zeitraum von 0 s bis 610 s und ist gekennzeichnet durch neun Stopps sowie Geschwindigkeiten $v < 60$ km/h. An ausschließlich vier Zeitpunkten wird die Geschwindigkeit $v = 50$ km/h für maximal 4,5 s und insgesamt 12,5 s überschritten. Aufgrund dieser Eigenschaften wird die Phase der Streckenart Innerorts zugeordnet. Die anschließende Phase liegt im Zeitraum von 611 s bis 909 s, ist gekennzeichnet durch drei Stopps sowie Geschwindigkeiten $v > 50$ km/h und schlussfolgernd der Streckenart Außerorts zuzuordnen. Im Zeitraum von 910 s bis 1080 s wird die Geschwindigkeit $v = 100$ km/h überschritten, weshalb dieser Bereich zusätzlich als dritte Phase der Streckenart Bundesstraße oder Autobahn betrachtet wird. Die anschließende letzte Phase dauert bis zum Zyklusende an und wird der Streckenart Außerorts zugeordnet. Folglich zeigt der generierte Geschwindigkeits-Zeit-Verlauf bei der graphischen Analyse eine logische Geschwindigkeitsverteilung, aus der die Streckenarten abgeleitet werden können. Demgegenüber ist erkennbar, dass die Dauer des Prüfzyklus die Anforderung von 966 s überschreitet. Dies ist mit dem Umstand begründet, dass in der Nachbetrachtung die Dauer recht kurz gewählt wurde und es dadurch schwierig ist, die geforderte Geschwindigkeitsverteilung adäquat darin darzustellen. Die Zeitdauern der Zyklen NEFZ und WLTC betragen bspw. 1180 s und 1800 s.

In Abbildung 6.8 sind der Steigungsverlauf sowie das daraus berechnete Höhenprofil des Prüfzyklus dargestellt. Die Fahrbahnsteigungen bewegen sich alle im moderaten Bereich und nutzen nicht den gesamten Wertebereich von $\pm 12°$. Das aus den Steigungen resultierende Höhenprofil zeigt einen realistischen Verlauf. Im Vergleich zum Höhenprofil aus dem Vortraining, dargestellt in Abbildung C.5, erfüllt der hier gezeigte Verlauf die Anforderung der nicht vorhandenen Höhendifferenz zwischen Beginn und Ende des Prüfzyklus.

Zum Nachweis der Repräsentativität des generierten Prüfzyklus sind in Tabelle 6.5 die Ergebnisse von dessen Auswertung im Vergleich zu den Sollwerten aufgelistet. Bei der Geschwindigkeitsverteilung hat die Klasse 50 - 90 km/h eine Abweichung von $-7,5\,\%$, während die weiteren Klassen positive Abweichungen von bis zu 3,3 % aufweisen. Es liegt somit eine Verschiebung von der Klasse 50 - 90 km/h zu den niedrigeren und höheren Geschwindigkeitsklassen vor. Bei den Einflussfaktoren stimmt der RPA-Faktor des Prüfzyklus mit den Anforderungen überein, während der RNA-Faktor eine Abweichung von $-0,05$ m/s^2 aufweist. Da die Sollwerte für die Faktoren RPA und RNA aus den

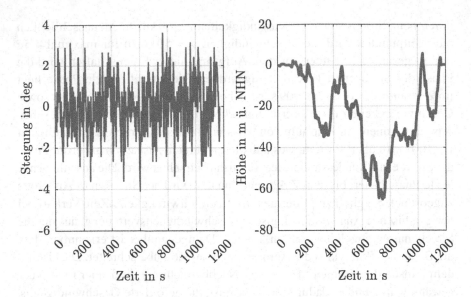

Abbildung 6.8: Darstellung des repräsentativen Steigungsverlaufs und zugehörigen Höhenprofils

Studiendaten abgeleitet sind und nicht aus den fehlerhaften Fahrzeugen, dienen sie als Richtwerte. Die bestehende Abweichung zeigt, dass im Prüfzyklus zum Erfüllen der Fehlerbedingungen größere negative Beschleunigungen notwendig sind, als der RNA-Sollwert fordert. Der Faktor ΔHöhe besitzt eine Abweichung von −0,3 m; die Anforderung sind 0 m, um eine Aneinanderreihung der Prüfzyklen zu ermöglichen. Die vorhandene Abweichung kann dazu in einem Nachbearbeitungsschritt angepasst werden, ohne das Auswirkungen auf die Repräsentativität des Prüfzyklus entstehen. Die Fahrtstrecke weicht um 900 m bzw. 7 % und die Fahrtdauer um 205 s bzw. 17,5 % ab. Der daraus folgende längere Prüfzyklus hat jedoch keine Auswirkungen auf dessen Repräsentativität. Letztlich relevant sind die Ergebnisse für die durch den Prüfzyklus hervorzurufenden Fehlerbedingungen. Diese werden im Rahmen der Möglichkeit (wie schon erwähnt sind zwei Fehlerbedingungen ambivalent) umfänglich berücksichtigt, wodurch sich der Prüfzyklus zur Nachbildung von diesen eignet. Die Ergebnisse für den generierten Prüfzyklus mit der Anforderung $T_{\text{Außen}} = -6,3\,°C$ sind

Tabelle 6.5: Zusammenfassung der Ergebnisse für den repräsentativen Prüfzyklus

Vergleich der Geschwindigkeitsverteilung				
Klasse in km/h	0,1-8	8-50	50-90	90-120	120-160
Soll	11,7 %	48,4 %	30,8 %	8,2 %	0,9 %
Ist	13,4 %	50,3 %	23,3 %	11,5 %	1,5 %

Vergleich der Einflussfaktoren				
Faktor	s_{Fahrt}	t_{Fahrt}	RPA	RNA	ΔHöhe
Soll	11,9 km	966 s	$0{,}26\,\text{m/s}^2$	$-0{,}23\,\text{m/s}^2$	0 m
Ist	12,8 km	1171 s	$0{,}26\,\text{m/s}^2$	$-0{,}28\,\text{m/s}^2$	$-0{,}3$ m

Vergleich der Fehlerbedingungen				
Fehler	$LK16_{X2,Y5}$	$LK17_{X5,Y2}$	$LK17_{X5,Y5}$	$LK72_{Y\_Modus}$	$LK72_{X6,Y3}$
Soll	$> 4{,}85\text{E} - 4$	$> 2{,}18\text{E} - 7$	$> 9{,}29\text{E} - 8$	$> 1501{,}9$	$> 1{,}91\text{E} - 4$
Ist	0,052	0	0,121	4500	0,029

in Tabelle C.2 aufgeführt und vergleichbar mit den hier vorgestellten. Beide Prüfzyklen bilden die gestellten Anforderungen repräsentativ ab.

Der in diesem Kapitel verwendete Prüfzyklus, zum Nachweis der Möglichkeit repräsentative Prüfzyklen zu generieren, stellt einen Beispielzyklus dar. Mit dem trainierten Agenten können weitere Prüfzyklen generiert werden, deren Ergebnisse und Verteilungen statistisch den Vorgaben entsprechen, die sich aber in der Gestaltung des Geschwindigkeits- und Steigungsprofils unterscheiden. Dadurch besteht in der Anwendung der Prüfzyklen die Option, anstatt denselben Prüfzyklus im Rahmen eines Prüfprogramms mehrmals aufeinanderfolgend zu wiederholen, ein variationsreicheres Prüfprogramm aufzustellen.

7 Schlussfolgerungen

7.1 Zusammenfassung der Ergebnisse

Im Rahmen der vorliegenden Dissertation werden Flottendaten eines BEV hinsichtlich Fehlerbedingungen ausgewertet und daraus unter Verwendung einer Gesamtfahrzeugsimulationsumgebung ein repräsentativer Prüfzyklus zur zeitlichen Rekonstruktion der Fehlerbedingungen generiert. Das Vorgehen der erarbeiteten Methode ist in Abbildung 7.1 dargestellt.

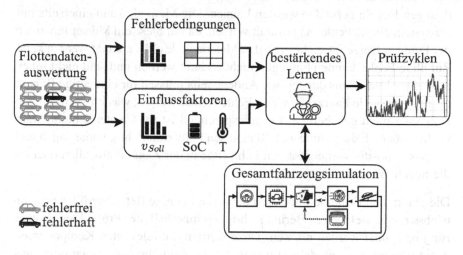

Abbildung 7.1: Darstellung der erarbeiteten Methode

Bei der Flottendatenauswertung werden die Lastkollektive des betrachteten BEV unter Berücksichtigung eines bekannten Fehlerfalls (Isolationsfehler der EM) anhand eines dreifachen Durchlaufs des KDD-Prozesses analysiert. Zu Beginn erfolgt dabei die Datenaufbereitung und im Anschluss die Anwendung von Algorithmen des unüberwachten und überwachten Lernens. Mit den unüberwachten Verfahren der Dimensionsreduktion zur Visualisierung der Daten und der anschließenden Clusteranalyse wird der betrachtete Fehlerfall nochmals unterteilt. Dadurch können im dritten Durchlauf des KDD-Prozesses mit überwachten Lernverfahren Regeln ermittelt werden, die auf das Eintreten des Fehlerfalls hindeuten. Aus den Bedingungen dieser Regeln werden abschließend die Fehlerbedingungen abgeleitet, die innerhalb der folgenden Prüfzyklengenerierung berücksichtigt werden.

Die ermittelten Fehlerbedingungen sind auffällige Lastkollektive, deren kombiniertes Auftreten zum Fehlerfall führt. Durch den Schritt der Clusteranalyse wird der betrachtete Fehlerfall in zwei Cluster aufgeteilt und für Cluster 1 werden die Fehlerbedingungen bestimmt. Anhand Cluster 2 werden die Grenzen der Methode zur Flottendatenauswertung ersichtlich, da für dieses keine eindeutigen Regeln gefunden werden können. Die Methode kann einerseits nur für systematische Fehler angewandt werden, da nur diese ein Muster innerhalb der Daten aufzeigen, welches mit den Methoden des ML erkannt werden kann. Zufällige Fehler können hingegen nicht erkannt werden und sind nicht innerhalb eines Prüfzyklus darstellbar. Andererseits müssen für eindeutige Regeln ausreichend viele Fahrzeuge einen Fehlerfall aufweisen, was im verwendeten Datensatz nicht gegeben ist. Dementsprechend ist für Cluster 2 nicht exakt nachweisbar, ob die gefundenen Regeln den Fehlerfall richtig vorhersagen und die falsch-positiv vorhergesagten Fahrzeuge in der Zukunft ausfallen oder ob die Regeln nicht eindeutig sind.

Die ermittelten Fehlerbedingungen beinhalten interne Betriebsgrößen des Antriebsstrangs, welche zur Berücksichtigung innerhalb der Prüfzyklengenerierung berechnet werden müssen. Dazu werden die relevanten Komponenten des Antriebsstrangs modelliert und in eine Gesamtfahrzeugsimulationsumgebung eingebunden. Die abschließend anhand von Messdaten nach ISO 18571 validierten Simulationsergebnisse zeigen eine ausreichend gute Übereinstimmung mit der Realität, weshalb die Gesamtfahrzeugsimulationsumgebung zur Berechnung der internen Betriebsgrößen des Antriebsstrangs geeignet ist.

Im Anschluss erfolgt die Generierung der Prüfzyklen mittels bestärkenden Lernens. Dazu wird der DQfD-Algorithmus angewandt, der über eine Vortrainingsphase verfügt, in welcher ein Agent anhand von Demonstrationen lernt. Als Demonstrationen werden Messfahrten aus einer Probandenstudie verwendet, wodurch der Agent im Anschluss an die Vortrainingsphase bereits eigenständig Zyklen generieren kann. Die Vortrainingsphase ist dabei nicht notwendig, sollten bspw. keine Messdaten vorliegen. In diesem Fall kann direkt mit der Phase des bestärkenden Lernens begonnen werden, was jedoch zu einer erhöhten Anzahl an Trainingsepisoden führt. In der Phase des bestärkenden Lernens passt der Agent sein Verhalten an die gegebenen Anforderungen an. Diese werden in der Belohnungsfunktion berücksichtigt, wodurch der Agent bei der Anforderungserfüllung eine höhere Belohnung erhält als bei der Nichterfüllung.

Die gewählten Anforderungen für den Prüfzyklus bestehen aus der Geschwindigkeitsverteilung, den auftretenden Beschleunigungen, der Zyklusdauer und der Wegstrecke sowie den Fehlerbedingungen. Aufgrund der Datengrundlage wird eine Annahme für die Zustandsgröße Beschleunigung getroffen, indem anstatt einer Beschleunigungsverteilung der fehlerhaften Fahrzeuge die Metriken RPA und RNA aus den Messfahrten angewandt werden. Steht die Beschleunigungsverteilung als Anforderung zur Verfügung, kann diese analog der Geschwindigkeitsverteilung in die Belohnungsfunktion integriert werden. Zur Berücksichtigung der Fehlerursachen erfolgt die Kopplung der Gesamtfahrzeugsimulationsumgebung mit der Prüfzyklengenerierung. Der abschließend generierte Prüfzyklus erfüllt die relevanten Anforderungen, indem die Geschwindigkeitsverteilung sowie die Beschleunigungsmetriken den Sollwerten entsprechen und die Fehlerbedingungen durch den Prüfzyklus abgebildet werden. Das finale Ergebnis der Dauer des Prüfzyklus zeigt dagegen Schwächen, was auf die zu klein gewählte Anforderung zurückzuführen ist. Als Zyklusdauer wurde die mittlere Fahrtdauer der fehlerhaften Fahrzeuge gewählt, welche zu kurz ist, um die geforderte Geschwindigkeitsverteilung adäquat darin darzustellen.

Mit der entwickelten Methode der Prüfzyklengenerierung werden synthetische, transiente Prüfzyklen erstellt, die aus einem Geschwindigkeits-Zeit- sowie Steigungs-Zeit-Verlauf bestehen und die gewählten Anforderungen repräsentativ abbilden.

Anhand der Ergebnisse der Flottendatenauswertung konnte bereits in Kapitel 4.3 die erste Forschungsfrage (*Welche Gemeinsamkeit in der Nutzung haben die fehlerhaften Fahrzeuge, die sie von der Flotte der fehlerfreien Fahrzeuge unterscheidet?*) beantwortet werden. Die Beantwortung der zweiten Forschungsfrage: *Wie kann aus Lastkollektiven eine statistisch abgesicherte, zeitkontinuier-*

liche Vorgabe generiert werden?, erfolgt anhand der vorgestellten Methode der Prüfzyklengenerierung, bei der das bestärkende Lernen mit einer Gesamtfahrzeugsimulationsumgebung gekoppelt wird. Der Agent des tiefen Q-Lernens erzeugt hierbei zeitkontinuierliche Geschwindigkeits- und Steigungsverläufe, aus denen in der Simulation die internen Betriebsgrößen des Antriebsstrangs berechnet werden. In der Nachbearbeitung der Simulation werden die relevanten Simulationssignale analog den zugehörigen Lastkollektiven klassiert, wodurch ein quantitativer Vergleich möglich ist. Basierend auf dem Vergleichsergebnis passt der Agent seine Strategie an, bis die klassierten Simulationssignale und zugehörigen Lastkollektive annähernd identisch sind. Diese Situation wird als optimale Strategie bezeichnet und dafür verwendet, statistisch abgesicherte, zeitkontinuierliche Vorgaben für die analysierten Lastkollektive zu generieren.

Dem Autor ist solch eine Methode, die das tiefe Q-Lernen mit einer Gesamtfahrzeugsimulationsumgebung koppelt, um damit Prüfzyklen zu generieren, nicht bekannt. Die dargestellte Lösung kann zudem Prüfzyklen anhand weiterer Anforderungen erzeugen und stellt somit eine Erweiterung des Stands der Technik dar. Die Kombination der Flottendatenanalyse zur Identifizierung des schädigenden Nutzungsverhaltens und die darauf basierende Generierung von kundennahen Prüfzyklen trägt zur zielgerichteten und realitätsnahen Erprobung von Antriebssträngen bei. Die vorliegende Dissertation leistet damit einen Beitrag zur Lösung des Zielkonflikts aus der Verkürzung der Entwicklungszeiten und der Reduzierung von Rückrufaktionen.

7.2 Ausblick

Die in dieser Dissertation entwickelte Methode zur Generierung von Prüfzyklen aus Flottendaten berücksichtigt ausschließlich das Fahren. Bei BEV hat der Ladevorgang allerdings einen zusätzlichen Einfluss auf Komponenten des Antriebsstrangs, bspw. auf die HV-Batterie. Eine Erweiterung der Methode ist durch Berücksichtigung des Ladens möglich. Nach der zusätzlichen Auswertung der Flottendaten hinsichtlich der Fehlerbedingungen aufgrund von Ladevorgängen können diese durch Modellierung des Ladegeräts im Gesamtfahrzeugsimulationsmodell sowie der anschließenden Zyklusgenerierung berücksichtigt werden. Der resultierende Prüfzyklus könnte folglich aus einer oder mehreren Phasen des Fahrens gefolgt von einer Phase des Ladens bestehen.

Die vorgestellte Methode sowie die damit generierten Prüfzyklen können für weitere Anwendungen eingesetzt werden. In der vorliegenden Dissertation werden die Fehlerbedingungen für ein Serienfahrzeug ermittelt und auf diesen basierend ein repräsentativer Prüfzyklus generiert. Dieser kann verwendet werden, um die Fehlerbedingungen detaillierter zu untersuchen, indem Prüfstandsversuche gefahren oder Simulationen mit physikalischen, detailgetreuen Modellen durchgeführt werden. Weiterhin kann der Prüfzyklus bei der Komponentenauslegung der nächsten Entwicklungsstufe Anwendung finden: einerseits durch die Aufnahme in die virtuelle Erprobung und andererseits durch die Berücksichtigung innerhalb der Prüfprogramme zur realen Erprobung der Komponenten.

Die entwickelte Prüfzyklengenerierung zur Erstellung von bedarfsgerechten Zyklen kann zudem für neue Fahrzeugentwicklungen angewandt werden. Der Vorteil der Methode, dass diese keine Messfahrten vom zukünftigen Fahrzeug benötigt, wird hierbei genutzt, um bspw. Zyklen für die bedarfsgerechte Auslegung der Komponenten oder für Untersuchungen zum RDE-Verhalten zu erstellen.

Literaturverzeichnis

[1] ALBERS, Albert ; HEIMICKE, Jonas ; SPADINGER, Markus ; REISS, Nicolas ; BREITSCHUH, Jan ; RICHTER, Thilo ; BURSAC, Nikola ; MARTHALER, Florian: A systematic approach to situation-adequate mechatronic system development by ASD - Agile Systems Design. In: *Procedia CIRP* 84 (2019), S. 1015–1022

[2] ALBERS, Albert ; SCHYR, Christian: Modellgestützte Erprobungsmethodik in der Antriebsstrangentwicklung. In: *Erprobung und Simulation in der Fahrzeugentwicklung: Mess- und Versuchstechnik. Tagung, Würzburg*, VDI-Verlag, 2005. – VDI-Berichte 1900

[3] ANDRÉ, Michel: Driving Cycles Development: Characterization of the Methods. In: *SAE Technical Paper Series*, SAE International, may 1996

[4] ANDRÉ, Michel: The ARTEMIS European driving cycles for measuring car pollutant emissions. In: *Science of The Total Environment* 334-335 (2004), dec, S. 73–84

[5] ANDRÉ, Michel ; HICKMAN, A. J. ; HASSEL, Dieter ; JOUMARD, Robert: Driving Cycles for Emission Measurements Under European Conditions. In: *SAE Technical Paper Series*, SAE International, feb 1995

[6] ARULKUMARAN, Kai ; DEISENROTH, Marc P. ; BRUNDAGE, Miles ; BHARATH, Anil A.: A Brief Survey of Deep Reinforcement Learning. In: *IEEE Signal Processing Magazine* 34 (2017), nov, Nr. 6, S. 26–38

[7] AUTO MOTOR UND SPORT: *VW Golf VIII Technische Daten*. 2023. – URL https://www.auto-motor-und-sport.de/marken-modelle/vw/golf/viii/technische-daten/. – Zugriff am 25.09.2023

[8] AZEVEDO, Ana ; SANTOS, Manuel F.: KDD, SEMMA and CRISP-DM: a parallel overview. In: *IADIS European Conf. Data Mining*, URL https://api.semanticscholar.org/CorpusID:15309704, 2008

© Der/die Herausgeber bzw. der/die Autor(en), exklusiv lizenziert an Springer Fachmedien Wiesbaden GmbH, ein Teil von Springer Nature 2024
A. Ebel, *Generierung von Prüfzyklen aus Flottendaten mittels bestärkenden Lernens*, Wissenschaftliche Reihe Fahrzeugtechnik Universität Stuttgart, https://doi.org/10.1007/978-3-658-44220-0

[9]   BACH, Johannes: *Methoden und Ansätze für die Entwicklung und den Test prädiktiver Fahrzeugregelungsfunktionen*, Karlsruher Institut für Technologie (KIT), Dissertation, 2018

[10] BAS, Esra: Markov-Ketten. In: *Einführung in Wahrscheinlichkeitsrechnung, Statistik und Stochastische Prozesse*. Springer Fachmedien Wiesbaden, 2020, S. 383–419

[11] BATISTA, Gustavo E. A. P. A. ; PRATI, Ronaldo C. ; MONARD, Maria C.: A study of the behavior of several methods for balancing machine learning training data. In: *ACM SIGKDD Explorations Newsletter* 6 (2004), jun, Nr. 1, S. 20–29

[12] BAUMGARTNER, Edwin: *Frontloading durch Fahrbarkeitsbewertungen in Fahrsimulatoren*, Universität Stuttgart, Dissertation, 2021

[13] BELLMAN, Richard E.: *Dynamic Programming*. Princeton University Press, dec 2010

[14] BERGMEIR, Philipp: *Enhanced Machine Learning and Data Mining Methods for Analysing Large Hybrid Electric Vehicle Fleets based on Load Spectrum Data*. Wiesbaden, Universität Stuttgart, Dissertation, 2018

[15] BERGSTRA, James ; BENGIO, Yoshua: Random Search for Hyper-Parameter Optimization. In: *The Journal of Machine Learning Research* 13 (2012), feb, S. 281–305. – ISSN 1532-4435

[16] BERTSCHE, Bernd ; LECHNER, Gisbert: *Zuverlässigkeit im Fahrzeug- und Maschinenbau*. Springer, 2004. – 495 S. – ISBN 9783540208716

[17] BILGIN, Berker ; LIANG, Jianbin ; TERZIC, Mladen V. ; DONG, Jianning ; RODRIGUEZ, Romina ; TRICKETT, Elizabeth ; EMADI, Ali: Modeling and Analysis of Electric Motors: State-of-the-Art Review. In: *IEEE Transactions on Transportation Electrification* 5 (2019), sep, Nr. 3, S. 602–617

[18] BISHOP, Christopher M.: *Pattern Recognition and Machine Learning*. Springer, 2008. – 738 S. – ISBN 9780387310732

[19] BOEHM, Barry W.: Guidelines for verifying and validating software requirements and designspecifications. In: *Euro IFIP* (1979)

[20] BOLÓN-CANEDO, Verónica ; SÁNCHEZ-MAROÑO, Noelia ; ALONSO-BETANZOS, Amparo: A review of feature selection methods on synthetic data. In: *Knowledge and Information Systems* 34 (2012), mar, Nr. 3, S. 483–519

[21] BORTZ, Jürgen ; DÖRING, Nicola: *Forschungsmethoden und Evaluation für Human- und Sozialwissenschaftler*. Springer Berlin, Heidelberg, 2006

[22] BRANCO, Paula ; TORGO, Luis ; RIBEIRO, Rita: A Survey of Predictive Modelling under Imbalanced Distributions. (2015), Mai

[23] BREIMAN, Leo: Random Forests. In: *Machine Learning* 45 (2001), S. 5–32

[24] BURGER, Michael: Daten, Künstliche Intelligenz und Maschinelles Lernen in der Fahrzeugentwicklung. In: *Mitteilungen der Deutschen Mathematiker-Vereinigung* 30 (2022), sep, Nr. 3, S. 179–185

[25] CARLSON, TR ; AUSTIN, RC: Development of speed correction cycles / Sierra Research Inc., Sacramento, California. 1997. – Forschungsbericht

[26] CHAPMAN, Peter ; CLINTON, Julian ; KERBER, Randy ; KHABAZA, Tom ; REINARTZ, Thomas P. ; DAIMLERCHRYSLER, Colin ; SHEARER, Rüdiger ; WIRTH: CRISP-DM 1.0: Step-by-step data mining guide. 2000. – Forschungsbericht

[27] CHAWLA, N. V. ; BOWYER, K. W. ; HALL, L. O. ; KEGELMEYER, W. P.: SMOTE: Synthetic Minority Over-sampling Technique. In: *Journal Of Artificial Intelligence Research, Volume 16, pages 321-357, 2002* 16 (2011), jun, S. 321–357

[28] CHO, Kyunghyun ; MERRIENBOER, Bart van ; GULCEHRE, Caglar ; BAHDANAU, Dzmitry ; BOUGARES, Fethi ; SCHWENK, Holger ; BENGIO, Yoshua: Learning Phrase Representations using RNN Encoder-Decoder for Statistical Machine Translation. (2014), Juni

[29] CHOLLET, Francois: *Deep Learning with Python*. Manning Publications, 2017. – 384 S. – ISBN 9781617294433

[30] CHUNG, Junyoung ; GULCEHRE, Caglar ; CHO, KyungHyun ; BENGIO, Yoshua: Empirical Evaluation of Gated Recurrent Neural Networks on Sequence Modeling. (2014), Dezember

[31] CLEFF, Thomas: *Deskriptive Statistik und Explorative Datenanalyse*. Springer Gabler. in Springer Fachmedien Wiesbaden GmbH, 2015. – ISBN 9783834947475

[32] COHEN, William W.: Fast Effective Rule Induction. In: *Machine Learning Proceedings 1995*. Elsevier, 1995, S. 115–123

[33] COLLIER, W. A.: Sheppards Korrektur. In: *Einführung in die Variationsstatistik*. Springer Berlin Heidelberg, 1921, S. 43–44

[34] DAHINDEN, C.: Classification with Tree-Based Ensembles Applied to the WCCI 2006 Performance Prediction Challenge Datasets. In: *The 2006 IEEE International Joint Conference on Neural Network Proceedings*, IEEE, 2006

[35] DAHL, Oskar ; JOHANSSON, Fredrik ; KHOSHKANGINI, Reza ; PASHAMI, Sepideh ; NOWACZYK, Sławomir ; CLAES, Pihl: Understanding Association Between Logged Vehicle Data and Vehicle Marketing Parameters. In: *Proceedings of the 2020 3rd International Conference on Information Management and Management Science*, ACM, aug 2020

[36] DAI, Zhen ; NIEMEIER, Deb ; EISINGER, Douglas: Driving cycles: a new cycle-building method that better represents real-world emissions. In: *Department of Civil and Environmental Engineering, University of California, Davis* 570 (2008)

[37] DESREVEAUX, Anatole ; RUBA, Mircea ; BOUSCAYROL, Alain ; SIRBU, Gabriel M. ; MARTIS, Claudia: Comparisons of Models of Electric Drives for Electric Vehicles. In: *2019 IEEE Vehicle Power and Propulsion Conference (VPPC)*, IEEE, oct 2019

[38] DIETRICH, Maximilian ; CHEN, Xi ; SARKAR, Mouktik: A Combined Markov Chain and Reinforcement Learning Approach for Powertrain-Specific Driving Cycle Generation. In: *SAE International Journal of Advances and Current Practices in Mobility* 3 (2020), sep, Nr. 1, S. 516–527

[39] DLUGOSCH, A. ; BRAUN, H. ; SCHWÄMMLE, T.: Prüfkonzept zum integrativen Testing auf Antriebsstrangprüfständen bei Porsche. In: *Drivetrain for vehicles: Testing and application of drivelines.* Düsseldorf : VDI-Verlag, 2014

[40] DOBRY, Patrick ; LEHMANN, Thomas ; BERTSCHE, Bernd: Two-Step Data Mining Method to Identify Failure Related Driving Patterns. In: *2018 Annual Reliability and Maintainability Symposium (RAMS)*, IEEE, jan 2018

[41] DRESSLER, Klaus ; SPECKERT, Michael ; MÜLLER, R. ; WEBER, C.: Customer loads correlation in truck engineering. In: *FISITA 2008 World Automotive Congress, München* 7 (2008), 10

[42] EBEL, André ; ORNER, Markus ; RIEMER, Thomas ; REUSS, Hans-Christian: Optimierte Auslegung von Antriebssträngen mittels der FKFS-Triebstrangbibliothek. In: *VDI/VDE Conference Autoreg, Berlin*, 2017

[43] EBEL, André ; RIEMER, Thomas ; REUSS, Hans-Christian: Appropriate Design of Plug-in Hybrid Electric Vehicle Drivetrains under Consideration of User Behaviour and Component Stress. In: *EVS 31 & EVTeC*. Kobe, Japan, 2018

[44] EBEL, André ; BAUMGARTNER, Edwin ; ORNER, Markus ; REUSS, Hans-Christian: Bewertung simulativ ausgelegter Antriebsstränge am Stuttgarter Fahrsimulator. In: *MTZextra* 22 (2017), aug, Nr. S1, S. 40–43

[45] EBEL, André ; RIEMER, Thomas ; REUSS, Hans-Christian: Analysis of Fleet Data Using Machine Learning Methods. In: *Journal of Tongji University (Natural Science)* 49 (2021), Nr. S1, S. 186–193

[46] ECKSTEIN, Christian: *Ermittlung repräsentativer Lastkollektive zur Betriebsfestigkeit von Ackerschleppern*, Technische Universität Kaiserslautern, Dissertation, 2017

[47] ESSER, Arved: *Realfahrtbasierte Bewertung des ökologischen Potentials von Fahrzeugantriebskonzepten*, TU Darmstadt, Dissertation, 2021

[48] ESSER, Arved ; ZELLER, Martin ; FOULARD, Stéphane ; RINDERKNECHT, Stephan: Stochastic Synthesis of Representative and Multidimensional Driving Cycles. In: *SAE International Journal of Alternative Powertrains* 7 (2018), apr, Nr. 3, S. 263–272

[49] EGHTESSAD, Marjam: *Optimale Antriebsstrangkonfiguration für Elektrofahrzeuge*, TU Braunschweig, Dissertation, 2014

[50] ERTÖZ, Levent ; STEINBACH, Michael ; KUMAR, Vipin: Finding Clusters of Different Sizes, Shapes, and Densities in Noisy, High Dimensional Data. In: *Proceedings of the 2003 SIAM International Conference on Data Mining*, Society for Industrial and Applied Mathematics, may 2003

[51] ESTER, Martin ; KRIEGEL, Hans-Peter ; SANDER, Jörg ; XU, Xiaowei: A Density-Based Algorithm for Discovering Clusters in Large Spatial Databases with Noise. (1996)

[52] FAYYAD, Usama ; PIATETSKY-SHAPIRO, Gregory ; SMYTH, Padhraic: From Data Mining to Knowledge Discovery in Databases. In: *AI Magazine* 17 (1996), Mar., Nr. 3, S. 37

[53] FIETKAU, Peter ; SANZENBACHER, Sabine ; KISTNER, Bruno: Vorteile der digitalen Fahrzeugantriebsentwicklung bei der Zuverlässigkeitstestplanung. In: *Forschung im Ingenieurwesen* 85 (2021), jan, Nr. 1, S. 101–113

[54] FRAWLEY, William J. ; PIATETSKY-SHAPIRO, Gregory ; MATHEUS, Christopher J.: Knowledge Discovery in Databases: An Overview. In: *AI Magazine* 13 (1992), Sep., Nr. 3, S. 57

[55] FRIEDMANN, Michael ; KOLLMEIER, Hans-Peter ; GINDELE, Jörg ; SCHMID, Jochen M.: Synthetische Fahrzyklen im Triebstrangerprobungsprozess.

In: *ATZ - Automobiltechnische Zeitschrift* 117 (2015), may, Nr. 6, S. 70–75

[56] Frisk, Erik ; Krysander, Mattias ; Larsson, Emil: Data-Driven Lead-Acid Battery Prognostics Using Random Survival Forests. In: *Annual Conference of the PHM Society, 6(1)* (2014)

[57] Fürnkranz, Johannes ; Gamberger, Dragan ; Lavrac, Nada: *Foundations Of Rule Learning*. Springer, 2012. – ISBN 9783540751960

[58] Fürnkranz, Johannes ; Kliegr, Tomáš: A Brief Overview of Rule Learning. In: *Rule Technologies: Foundations, Tools, and Applications*. Springer International Publishing, 2015, S. 54–69

[59] Fürnkranz, Johannes ; Widmer, Gerhard: Incremental Reduced Error Pruning. In: *Machine Learning Proceedings 1994*. Elsevier, 1994, S. 70–77

[60] Gatzert, Nadine ; Knorre, Susanne ; Müller-Peters, Horst ; Wagner, Fred ; Jost, Theresa: Big Data in der Mobilität: Wie sich die Nutzenpotenziale (für die Welt von morgen) heben lassen. In: *Big Data in der Mobilität*. Springer Fachmedien Wiesbaden, 2023, S. 191–199

[61] Gautier, Ronan ; Jaffre, Gregoire ; Ndiaye, Bibi: Interpretability With Diversified-By-Design Rules; Skope-Rules, a Python Package. (2008)

[62] Geurts, Pierre ; Ernst, Damien ; Wehenkel, Louis: Extremely randomized trees. In: *Machine Learning* 63 (2006), mar, Nr. 1, S. 3–42

[63] Giakoumis, Evangelos G.: *Driving and Engine Cycles*. Springer International Publishing AG, 2017. – ISBN 9783319490335

[64] Gong, Qiuming ; Midlam-Mohler, Shawn ; Marano, Vincenzo ; Rizzoni, Giorgio: An Iterative Markov Chain Approach for Generating Vehicle Driving Cycles. In: *SAE International Journal of Engines* 4 (2011), apr, Nr. 1, S. 1035–1045

[65] Goodfellow, Ian ; Bengio, Yoshua ; Courville, Aaron: *Deep Learning*. MIT Press, 2016

[66] GREGORUTTI, Baptiste ; MICHEL, Bertrand ; SAINT-PIERRE, Philippe: Correlation and variable importance in random forests. In: *Statistics and Computing* 27 (2016), mar, Nr. 3, S. 659–678

[67] GRÄSSLER, Iris ; BRUCKMANN, Tobias ; DATTNER, Michael ; EHL, Thomas ; HAWLAS, Martin ; HENTZE, Julian ; HESSE, Philipp ; TERMÜHLEN, Christoph ; LACHMAYER, Roland ; KNÖCHELMANN, Marvin ; MOCK, Randolf ; MOZGOVA, I. ; PREUSS, Daniel ; SCHNEIDER, Maximilian ; STOLLT, Guido ; THIELE, Henrik ; WIECHEL, Dominik: VDI/VDE 2206: Entwicklung mechatronischer und cyber-physischer Systeme / Verein Deutscher Ingenieure. 2021. – Forschungsbericht

[68] GUYON, Isabelle ; WESTON, Jason ; BARNHILL, Stephen ; VAPNIK, Vladimir: Gene Selection for Cancer Classification using Support Vector Machines. In: *Machine Learning* 46 (2002), Nr. 1/3, S. 389–422

[69] HALL, Mark A.: Correlation-based Feature Selection forMachine Learning. In: *Dissertation* (1999)

[70] HARR, Thomas: Prüfstand ersetzt Prototyp. In: *ATZextra* 20 (2015), sep, Nr. S8, S. 66–66

[71] HAUBENSAK, Lukas: *Modellierung des thermischen Verhaltens einer Batterie*, Universität Stuttgart, Diplomarbeit, 2019

[72] HAUSER, Lukas: *Entwicklung eines Bremsenmodells unter Berücksichtigung verschiedener Rekuperationsstrategien*, Universität Stuttgart, Diplomarbeit, 2020

[73] HE, Haibo ; GARCIA, E.A.: Learning from Imbalanced Data. In: *IEEE Transactions on Knowledge and Data Engineering* 21 (2009), sep, Nr. 9, S. 1263–1284

[74] HEIMICKE, Jonas ; RÖSEL, Tobias ; ALBERS, Alber: Analyse des Einflusses von Faktoren auf die agilen Fähigkeiten von Organisationseinheiten in der Entwicklung physischer Systeme. In: *Entwerfen Entwickeln Erleben in Produktentwicklung und Design 2021*, Prof. Dr.-Ing. habil Ralph H. Stelzer, Prof. Dr.-Ing. Jens Krzywinski, sep 2021

[75] HEIN, Michael ; TOBIE, T ; STAHL, K: Customer-focused modular test procedure for driveline components. (2017)

[76] HENGST, Johannes ; WERRA, Matthias ; KÜÇÜKAY, Ferit: Evaluation of Transmission Losses of Various Battery Electric Vehicles. In: *Automotive Innovation* 5 (2022), oct, Nr. 4, S. 388–399

[77] HESTER, Todd ; VECERIK, Matej ; PIETQUIN, Olivier ; LANCTOT, Marc ; SCHAUL, Tom ; PIOT, Bilal ; HORGAN, Dan ; QUAN, John ; SENDONARIS, Andrew ; DULAC-ARNOLD, Gabriel ; OSBAND, Ian ; AGAPIOU, John ; LEIBO, Joel Z. ; GRUSLYS, Audrunas: Deep Q-learning from Demonstrations. (2017), April

[78] HRSG.:, Statistisches B.: *Bevölkerung in Deutschland.* 2023. – URL https://service.destatis.de/bevoelkerungspyramide/. – Zugriff am 17.04.2023

[79] HUBIK, Franz ; MENZEL, Stefan: *So beschleunigen die Autoher-steller die Entwicklung neuer Modelle.* 2022. – URL https://www.handelsblatt.com/unternehmen/industrie/volkswagen-mercedes-und-co-so-beschleunigen-die-autohersteller-die-entwicklung-neuer-modelle/28268396.html. – Zugriff am 21.08.2023

[80] HUDE, Marlis von der: *Predictive Analytics und Data Mining : Eine Ein-führung mit R.* Springer Vieweg, 2020. – 237 S. – ISBN 9783658301521

[81] HUNT, Earl B. ; MARIN, Janet ; STONE, Philip J.: *Experiments in Induction.* Academic Press, 1966. – ISBN 9780123623508

[82] HUSAIN, Iqbal ; OZPINECI, Burak ; ISLAM, Md S. ; GURPINAR, Emre ; SU, Gui-Jia ; YU, Wensong ; CHOWDHURY, Shajjad ; XUE, Lincoln ; RAHMAN, Dhrubo ; SAHU, Raj: Electric Drive Technology Trends, Challenges, and Opportunities for Future Electric Vehicles. In: *Proceedings of the IEEE* 109 (2021), jun, Nr. 6, S. 1039–1059

[83] JAIN, Anil K.: *Algorithms for clustering data.* Prentice Hall, 1988. – 320 S. – ISBN 013022278X

[84] JARVIS, R.A. ; PATRICK, E.A.: Clustering Using a Similarity Measure Based on Shared Near Neighbors. In: *IEEE Transactions on Computers* C-22 (1973), nov, Nr. 11, S. 1025–1034

[85] JOLLIFFE, I. T.: *Principal component analysis*. Springer, 2002. – 487 S. – ISBN 0387954422

[86] JONGERDEN, M.R. ; HAVERKORT, B.R.H.M.: Battery Modeling / University of Twente, Faculty of Mathematical Sciences. 2008. – techreport. CTIT Technical Report Series; TR-CTIT-08-01

[87] KAELBLING, L. P. ; LITTMAN, M. L. ; MOORE, A. W.: Reinforcement Learning: A Survey. In: *Journal of Artificial Intelligence Research* 4 (1996), may, S. 237–285

[88] KAPTUROWSKI, Steven ; OSTROVSKI, Georg ; DABNEY, Will ; QUAN, John ; MUNOS, Remi: Recurrent Experience Replay in Distributed Reinforcement Learning. In: *International Conference on Learning Representations*, 2019

[89] KASPER, Roland ; SCHÜNEMANN, Martin: Elektrische Fahrantriebe Topologien und Wirkungsgrad. In: *MTZ - Motortechnische Zeitschrift* 73 (2012), oct, Nr. 10, S. 802–807

[90] KÜCÜKAY, Ferit: Repräsentative Erprobungsmethoden bei der Pkw-Getriebeentwicklung. In: *VDI Berichte* 1175 (1995), S. 49–49

[91] KÜÇÜKAY, Ferit: 3F-Methodik zur Abbildung des Kundenbetriebs. In: *Grundlagen der Fahrzeugtechnik*. Springer Fachmedien Wiesbaden, 2022, S. 87–103

[92] KÜÇÜKAY, Ferit: Fahrwiderstände, Zugkraft. In: *Grundlagen der Fahrzeugtechnik*. Springer Fachmedien Wiesbaden, 2022, S. 115–212

[93] KENT, J.H. ; ALLEN, G.H. ; RULE, G.: A driving cycle for Sydney. In: *Transportation Research* 12 (1978), jun, Nr. 3, S. 147–152

[94] KÖHLER, Michael ; JENNE, Sven ; PÖTTER, Kurt ; ZENNER, Harald: *Zählverfahren und Lastannahme in der Betriebsfestigkeit*. Springer Berlin, Heidelberg, 2012. – 212 S. – ISBN 9783642131639

[95] KHOSHKANGINI, Reza ; KALIA, Nidhi R. ; ASHWATHANARAYANA, Sachin ; ORAND, Abbas ; MAKTOBIAN, Jamal ; TAJGARDAN, Mohsen: Vehicle Usage Extraction Using Unsupervised Ensemble Approach. In: *Lecture Notes in Networks and Systems*. Springer International Publishing, aug 2022, S. 588–604

[96] KHOSHKANGINI, Reza ; MASHHADI, Peyman S. ; BERCK, Peter ; SHAHBANDI, Saeed G. ; PASHAMI, Sepideh ; NOWACZYK, Sławomir ; NIKLASSON, Tobias: Early Prediction of Quality Issues in Automotive Modern Industry. In: *Information* 11 (2020), jul, Nr. 7, S. 354

[97] KINGMA, Diederik P. ; BA, Jimmy: Adam: A Method for Stochastic Optimization. (2014), Dezember

[98] KISTNER, Bruno ; SANZENBACHER, Sabine ; MUNIER, Jérôme ; FIETKAU, Peter: Die digitale Antriebsentwicklung der Zukunft: ganzheitlich, systematisch und kundenzentriert. In: *Proceedings*. Springer Fachmedien Wiesbaden, 2020, S. 1–14

[99] KOHAVI, Ron ; JOHN, George H.: Wrappers for feature subset selection. In: *Artificial Intelligence* 97 (1997), dec, Nr. 1-2, S. 273–324

[100] KORTHAUER, Reiner: *Handbuch Lithium-Ionen-Batterien*. Springer, 2013. – ISBN 9783642306532

[101] KOSTADINOV, Simeon: *Understanding GRU Networks.* 2017. – URL https://towardsdatascience.com/understanding-gru-networks-2ef37df6c9be. – Zugriff am 27.08.2023

[102] KRONEN, Timo ; WEBER, Heiko ; GRIMMELT, Christian ; PAUSCH, Hendryk ; SAUER, Olaf: Produktionsnetzwerke der Automobilindustrie: Ausblick 2030. In: *Praxishandbuch digitale Automobillogistik*. Springer Fachmedien Wiesbaden, 2023, S. 25–40

[103] KUBAT, Miroslav: *An Introduction to Machine Learning*. Springer, 2017. – 348 S. – ISBN 9783319639123

[104] KULLÄNG, Roger: *So setzen Sie agile Entwicklung bei Hardware-Produkten erfolgreich um.* 2022. – URL https://www.

modularmanagement.com/de/blog/agile-entwicklung. – Zugriff am 26.09.2023

[105] KUNCZ, Daniel: *Schaltzeitverkürzung im schweren Nutzfahrzeug mittels Synchronisation durch eine induzierte Antriebsstrangschwingung*, Universität Stuttgart, Dissertation, 2017

[106] LAITINEN, Heikki ; LAJUNEN, Antti ; TAMMI, Kari: Improving Electric Vehicle Energy Efficiency with Two-Speed Gearbox. In: *2017 IEEE Vehicle Power and Propulsion Conference (VPPC)*, IEEE, dec 2017

[107] LETROUVE, T. ; BOUSCAYROL, A. ; LHOMME, W. ; DOLLINGER, N. ; CALVAIRAC, F. M.: Different models of a traction drive for an electric vehicle simulation. In: *2010 IEEE Vehicle Power and Propulsion Conference*, IEEE, sep 2010

[108] LIN, Jie ; NIEMEIER, D.A.: Regional driving characteristics, regional driving cycles. In: *Transportation Research Part D: Transport and Environment* 8 (2003), sep, Nr. 5, S. 361–381

[109] LUKIC, S.M. ; EMADO, A.: Modeling of electric machines for automotive applications using efficiency maps. In: *Proceedings: Electrical Insulation Conference and Electrical Manufacturing and Coil Winding Technology Conference (Cat. No.03CH37480)*, IEEE, 2003

[110] MAATEN, Laurens van der ; HINTON, Geoffrey: Viualizing data using t-SNE. In: *Journal of Machine Learning Research* 9 (2008), 11, S. 2579–2605

[111] MAISCH, Matthias: *Zuverlässigkeitsorientiertes Erprobungskonzept für Nutzfahrzeuggetriebe unter Berücksichtigung von Betriebsdaten*, Universität Stuttgart: Insitut für Maschinenelemente, Dissertation, 2007

[112] MATHOY, Arno: Grundlagen für die Spezifikation von E-Antrieben. In: *MTZ - Motortechnische Zeitschrift* 71 (2010), sep, Nr. 9, S. 556–563

[113] MENZE, Bjoern H. ; KELM, B M. ; MASUCH, Ralf ; HIMMELREICH, Uwe ; BACHERT, Peter ; PETRICH, Wolfgang ; HAMPRECHT, Fred A.: A comparison of random forest and its Gini importance with standard chemometric

methods for the feature selection and classification of spectral data. In: *BMC Bioinformatics* 10 (2009), jul, Nr. 1

[114] MNIH, Volodymyr ; KAVUKCUOGLU, Koray ; SILVER, David ; RUSU, Andrei A. ; VENESS, Joel ; BELLEMARE, Marc G. ; GRAVES, Alex ; RIEDMILLER, Martin ; FIDJELAND, Andreas K. ; OSTROVSKI, Georg ; PETERSEN, Stig ; BEATTIE, Charles ; SADIK, Amir ; ANTONOGLOU, Ioannis ; KING, Helen ; KUMARAN, Dharshan ; WIERSTRA, Daan ; LEGG, Shane ; HASSABIS, Demis: Human-level control through deep reinforcement learning. In: *Nature* 518 (2015), feb, Nr. 7540, S. 529–533

[115] MOGHADAM, Davoud E. ; HEROLD, Christoph ; ZBINDEN, Rolf: Electrical Insulation at 800 V Electric Vehicles. (2020), S. 115–119

[116] MOHAMMED, Mohssen ; KHAN, Muhammad B. ; BASHIER, Ejhab Bashier M.: *Machine Learning Algorithms and Applications*. Taylor & Francis Group, 2016. – 226 S. – ISBN 9781498705387

[117] MOSCOVITZ, Ilan: *How to Perform Explainable Machine Learning Classification — Without Any Trees.* 2019. – URL https://towardsdatascience.com/how-to-perform-explainable-machine-learning-classification-without-any-trees-873db4192c68. – Zugriff am 23.06.2023

[118] MOUZOURAS, Marios: *New methodologies for assessing the behavior of vehicles under real driving emissions testing regimes*, University of Bath, Dissertation, 2022

[119] NOLLAU, Reiner: *Modellierung und Simulation technischer Systeme.* Springer Berlin Heidelberg, 2009

[120] ORNER, Markus: *Nutzungsorientierte Auslegung des Antriebsstrangs und der Reichweite von Elektrofahrzeugen*, Universität Stuttgart, Dissertation, 2018

[121] o.V.: Fakten und Argumente „Mobilität in Deutschland – ausgewählte Ergebnisse" / Allgemeiner Deutscher Automobil-Club e.V. (ADAC). München, 2010. – Forschungsbericht

[122] o.V.: ISO/DTS 18571 - Road vehicles - Objective rating metric for non-ambiguous signals / International Organization for Standardization. 2014. – Forschungsbericht

[123] o.V.: Zahlen-Daten-Fakten 2015/2016/2017 / Kraftfahrt-Bundesamt. 2018. – Forschungsbericht

[124] o.V.: *Rückruf-Trends der globalen Automobilhersteller im Langfristvergleich (2011-2021) Referenzmarkt USA*. 2021. – URL https://auto-institut.de/automotiveperformance/rueckruf-trends-der-globalen-automobilhersteller-im-langfristvergleich-2011-2021-referenzmarkt-usa/. – Zugriff am 21.08.2023

[125] o.V.: Marktüberwachungsbericht 2021 / Kraftfahrt-Bundesamt. 2022. – Forschungsbericht

[126] PAULWEBER, Michael ; LEBERT, Klaus: *Mess- und Prüfstandstechnik*. Springer Fachmedien Wiesbaden, 2014

[127] PEARSON, Karl: Note on Regression and Inheritance in the Case of Two Parents. In: *Proceedings of the Royal Society of London* 58 (1895), S. 240–242

[128] PESCE, Thomas: *Ein Werkzeug zur Spezifikation von effizienten Antriebstopologienfür Elektrofahrzeuge*, TU München, Dissertation, 2014

[129] PRYTZ, Rune ; NOWACZYK, Sławomir ; RÖGNVALDSSON, Thorsteinn ; BYTTNER, Stefan: Predicting the need for vehicle compressor repairs using maintenance records and logged vehicle data. In: *Engineering Applications of Artificial Intelligence* 41 (2015), may, S. 139–150

[130] PRYTZ, Rune ; NOWACZYK, Slawomir ; ROGNVALDSSON, Thorsteinn ; BYTTNER, Stefan: Analysis of Truck Compressor Failures Based on Logged Vehicle Data. In: *9th International Conference on Data Mining* (2013), 07

[131] QUINLAN, J.R.: MDL and Categorical Theories (Continued). In: *Machine Learning Proceedings 1995*. Elsevier, 1995, S. 464–470

[132] RAO, Ravishankar ; VRUDHULA, S. ; RAKHMATOV, D.N.: Battery modeling for energy-aware system design. In: *Computer* 36 (2003), dec, Nr. 12, S. 77–87

[133] REUSS, H.C. ; WIEDEMANN, J. ; KAYSER, A.U. ; ORNER, M. ; BAUMANN, G. ; FAHRZEUGMOTOREN, Forschungsinstitut für Kraftfahrwesen und: *e-volution: Gesamtfahrzeugintegration innovativer Konzepte für effizientes und performantes E-Fahrzeug : Teilvorhaben: "Bedarfsgerechte Auslegung elektrischer und thermischer Systeme im Hochleistungs-Elektrofahrzeug": Projektlaufzeit: 01.01.2015 bis 30.09.2017, Berichtszeitraum: 01.01.2015 bis 30.09.2017.* FKFS - Forschungsinstitut für Kraftfahrwesen und Fahrzeugmotoren Stuttgart, 2017

[134] RÖSEL, Gerd ; MÖNIUS, Petra ; SPAS, Sachar ; DAUN, Nico: Inverter- und Motoroptimierung mittels SiC-Technologie. In: *MTZ - Motortechnische Zeitschrift* 82 (2020), dec, Nr. 1, S. 54–59

[135] RUAN, Jiageng ; WALKER, Paul D. ; WU, Jinglai ; ZHANG, Nong ; ZHANG, Bangji: Development of continuously variable transmission and multi-speed dual-clutch transmission for pure electric vehicle. In: *Advances in Mechanical Engineering* 10 (2018), feb, Nr. 2, S. 168781401875822

[136] RUMBOLZ, Philip: *Untersuchung der Fahrereinflüsse auf den Energieverbrauchund die Potentiale von verbrauchsreduzierendenVerzögerungsassistenzfunktionenbeim PKW*, Universität Stuttgart, Dissertation, 2013

[137] RUNKLER, Thomas A.: *Data Mining Modelle und Algorithmen Intelligenter Datenanalyse.* Springer Fachmedien Wiesbaden GmbH, 2015. – ISBN 9783834816948

[138] SARKAR, Dipanjan ; BALI, Raghav ; SHARMA, Tushar: *Practical Machine Learning with Python: A Problem-Solver's Guide to Building Real-World Intelligent Systems.* Apress, 2018. – 530 S. – ISBN 9781484232064

[139] SAS INSTITUTE: *Introduction to SEMMA.* 2017. – URL https://documentation.sas.com/doc/en/emref/14.3/p1tsqq44rg56ron17qd3m7ey4mzu.htm. – Zugriff am 29.09.2023

[140] SCHAUL, Tom ; QUAN, John ; ANTONOGLOU, Ioannis ; SILVER, David: Prioritized Experience Replay. In: *International Conference on Learning Representations* (2016), November

[141] SCHEFFMANN, Marco: *Ein selbstlernender Optimierungsalgorithmus zur virtuellen Steuergeräteapplikation*, Universität Stuttgart, Dissertation, 2023

[142] SCHEIDLER, Christian: *Abschlussbericht zum Förderprojekt eMERGE II.* 2017. – URL https://www.now-gmbh.de/wp-content/uploads/ 2020/08/e-merge-ii-03em0616a-d-05.12.2017.pdf. – Zugriff am 30.06.2023

[143] SCHENK, Maximilian: *Adaptives Prüfstandsverhalten in der PKW-Antriebsstrangerprobung*, Universität Stuttgart: Institut für Maschinenelemente, Dissertation, 2017

[144] SCHLESINGER, Stewart ; CROSBIE, Roy E. ; GAGNÉ, Roland E. ; INNIS, George S. ; LALWANI, C.S. ; LOCH, Joseph ; SYLVESTER, Richard J. ; WRIGHT, Richard D. ; KHEIR, Naim ; BARTOS, Dale: Terminology for model credibility. In: *SIMULATION* 32 (1979), mar, Nr. 3, S. 103–104

[145] SCHMIDT, Deborah ; MASCHMEYER, Hauke ; BEIDL, Christian ; RASS, Florian: Neue Verfahren zur effizienten antriebsstrangspezifischen RDE-Entwicklung. In: *Proceedings*. Springer Fachmedien Wiesbaden, 2017, S. 1–18

[146] SCHRAMM, Dieter ; HILLER, Manfred ; BARDINI, Roberto: *Modellbildung und Simulation der Dynamik von Kraftfahrzeugen.* Springer Berlin Heidelberg, 2010

[147] SCHWABER, Ken ; SUTHERLAND, Jeff: *The Scrum Guide.* 2020

[148] SHI, Bufan ; RAMONES, Anna I. ; LIU, Yingxu ; WANG, Haoran ; LI, Yu ; PISCHINGER, Stefan ; ANDERT, Jakob: A review of silicon carbide MOSFETs in electrified vehicles: Application, challenges, and future development. In: *IET Power Electronics* (2023), may

[149] SOUFFRAN, Gwenaelle ; MIEGEVILLE, Laurence ; GUERIN, Patrick: Simulation of real-world vehicle missions using a stochastic Markov model for optimal design purposes. In: *2011 IEEE Vehicle Power and Propulsion Conference*, IEEE, sep 2011

[150] SURHIGH, Stephen: *Welche Daten produziert ein vernetztes Auto?* 2021. – URL https://www.bigdata-insider.de/welche-daten-produziert-ein-vernetztes-auto-a-19196541734b7a4fa21d2d4ebef2c705/. – Zugriff am 23.09.2023

[151] SUTTON, Richard S. ; BARTO, Andrew G.: *Reinforcement learning: An Introduction.* MIT Press, 1998. – ISBN 0262193981

[152] TEWIELE, Sarah: *Generierung von repräsentativen Fahr- und Lastzyklen aus realen Fahrdaten batterieelektrischer Fahrzeuge*, Universität Duisburg-Essen, Dissertation, 2020

[153] THANKACHAN, Karun: *What? When? How?: ExtraTrees Classifier.* 2022. – URL https://towardsdatascience.com/what-when-how-extratrees-classifier-c939f905851c. – Zugriff am 21.07.2023

[154] TROST, Daniel ; EBEL, André ; BROSCH, Erwin ; REUSS, Hans-Christian: Driver Classification of Shifting Strategies Using Machine Learning Algorithms. In: *SAE Technical Paper Series*, SAE International, sep 2020

[155] TSCHÖKE, Helmut: *Die Elektrifizierung des Antriebsstrangs Basiswissen.* Springer Vieweg. in Springer Fachmedien Wiesbaden GmbH, 2014. – ISBN 9783658046446

[156] VAILLANT, Moritz: *Design Space Exploration zur multikriteriellen Optimierung elektrischer Sportwagenantriebsstränge*, KIT, Dissertation, 2016. – 192 S

[157] VELEZ, Digna R. ; WHITE, Bill C. ; MOTSINGER, Alison A. ; BUSH, William S. ; RITCHIE, Marylyn D. ; WILLIAMS, Scott M. ; MOORE, Jason H.: A balanced accuracy function for epistasis modeling in imbalanced datasets

using multifactor dimensionality reduction. In: *Genetic Epidemiology* 31 (2007), feb, Nr. 4, S. 306–315

[158] WATKINS, Christopher: *Learning From Delayed Rewards*, University of London, Dissertation, 1989

[159] WATKINS, Christopher J. C. H. ; DAYAN, Peter: Q-learning. In: *Machine Learning* 8 (1992), may, Nr. 3-4, S. 279–292

[160] WEINRICH, Ulrike: *Methoden zur Bestimmung der Ausfallraten von elektrischen und elektronischen Systemen am Beispiel der Lenkungselektronik*, Universität Stuttgart, Dissertation, 2019

[161] WILSON, Dennis L.: Asymptotic Properties of Nearest Neighbor Rules Using Edited Data. In: *IEEE Transactions on Systems, Man, and Cybernetics* SMC-2 (1972), jul, Nr. 3, S. 408–421

[162] ZACH, Franz: *Leistungselektronik*. Springer Fachmedien Wiesbaden, 2022

[163] ZHANG, Cheng ; LI, Kang ; MCLOONE, Sean ; YANG, Zhile: Battery modelling methods for electric vehicles - A review. In: *2014 European Control Conference (ECC)*, IEEE, jun 2014

[164] ZÄHRINGER, Maximilian ; KALT, Svenja ; LIENKAMP, Markus: Compressed Driving Cycles Using Markov Chains for Vehicle Powertrain Design. In: *World Electric Vehicle Journal* 11 (2020), jul, Nr. 3, S. 52

[165] ZWETTLER, Monika: *Wie agiles Arbeiten die Entwicklung von Elektrofahrzeugen antreibt*. 2021. – URL https://www.konstruktionspraxis.vogel.de/wie-agiles-arbeiten-die-entwicklung-von-elektrofahrzeugen-antreibt-a-1043836/. –   Zugriff am 26.09.2023

Anhang

A. Anhang zum Kapitel „Flottendatenauswertung"

A.1 Konfusionsmatrizen für Fehler A

Tabelle A.1: Konfusionsmatrix der IREP-Regeln für $Clust_1$

		Prädiktion	
		Positiv	Negativ
Realität	Positiv	39	0
	Negativ	1054	800

Tabelle A.2: Konfusionsmatrix der RIPPER-Regeln für $Clust_1$

		Prädiktion	
		Positiv	Negativ
Realität	Positiv	39	0
	Negativ	1399	455

Tabelle A.3: Konfusionsmatrix der Skope-Rules-Regeln für $Clust_1$

		Prädiktion	
		Positiv	Negativ
Realität	Positiv	28	11
	Negativ	123	1731

© Der/die Herausgeber bzw. der/die Autor(en), exklusiv lizenziert an
Springer Fachmedien Wiesbaden GmbH, ein Teil von Springer Nature 2024
A. Ebel, *Generierung von Prüfzyklen aus Flottendaten mittels bestärkenden Lernens*, Wissenschaftliche Reihe Fahrzeugtechnik Universität Stuttgart,
https://doi.org/10.1007/978-3-658-44220-0

Tabelle A.4: Konfusionsmatrix der IREP-Regeln für $Clust_2$

Prädiktion

		Positiv	Negativ
Realität	Positiv	15	0
	Negativ	589	1265

Tabelle A.5: Konfusionsmatrix der RIPPER-Regeln für $Clust_2$

Prädiktion

		Positiv	Negativ
Realität	Positiv	13	2
	Negativ	1737	117

Tabelle A.6: Konfusionsmatrix der Skope-Rules-Regeln für $Clust_2$

Prädiktion

		Positiv	Negativ
Realität	Positiv	10	5
	Negativ	6	1848

Tabelle A.7: Konfusionsmatrix der Top 2 Skope-Rules-Regeln für $Clust_2$

Prädiktion

		Positiv	Negativ
Realität	Positiv	10	5
	Negativ	5	1849

A.2 Ermittlung der Fehlerbedingungen für Fehler B

Zum Nachweis der Übertragbarkeit der in Kapitel 4.1 vorgestellten Methode zur Analyse von Fehlerbedingungen werden die Ergebnisse für den Fehler B aus Tabelle 3.2 vorgestellt. Das Vorgehen zur Ermittlung der Fehlerbedingungen erfolgt analog dem in Kapitel 4.1 vorgestellten KDD-Prozess. Zu Beginn werden die Datensätze der Lastkollektivdaten und der Werkstattdaten zusammengefügt, im Anschluss erfolgt die Datenaufbereitung wie in Kapitel 4.1.1 beschrieben.

Zur Visualisierung der aufbereiteten hochdimensionalen Daten wird eine Dimensionsreduktion nach Kapitel 4.1.2 mit dem PCA- und t-SNE-Algorithmus durchgeführt. Das Ergebnis der Dimensionsreduktion ist ein zweidimensionaler Raum, der in Abbildung A.1 dargestellt ist. Analog zu Fehler A ist die Verteilung der Fahrzeuge innerhalb des dimensionsreduzierten Raums inhomogen, es existieren mehrere Regionen mit einer hohen Fahrzeugdichte. Dabei ist der Großteil der fehlerhaften Fahrzeuge auf zwei Regionen hoher Fahrzeugdichte verteilt. Dies deutet übereinstimmend mit Fehler A darauf hin, dass der Fehler B

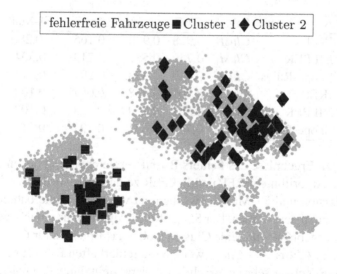

Abbildung A.1: Darstellung des dimensionsreduzierten Datensatzes nach der Clusteranalyse der fehlerhaften Fahrzeuge für den Fehler B

unterteilt werden kann. Dazu wird die in Kapitel 4.1.3 vorgestellte Clusteranalyse angewandt, das Ergebnis ist ebenfalls in Abbildung A.1 dargestellt. Für die fehlerhaften Fahrzeuge werden zwei Cluster identifiziert, dabei besteht das Cluster 1 ($Clust_1$) aus 32 Fahrzeugen und das Cluster 2 ($Clust_2$) aus 64 Fahrzeugen. Beide Cluster werden getrennt als individuelle Fehler analysiert.

Aufgrund der für den Fehler B ebenfalls vorliegenden Unausgewogenheit zwischen den fehlerhaften und fehlerfreien Fahrzeugen wird eine Datenanpassung nach Kapitel 4.1.4 durchgeführt. Der mit dem SMOTEENN-Algorithmus erzeugte ausgewogene Datensatz wird anschließend zur Auswahl der relevanten Merkmale eingesetzt. Dabei wird der Datensatz mit dem ML-Pipeline auf 50 Merkmale für $Clust_1$ und 54 Merkmale für $Clust_2$ reduziert. Anhand dieser Merkmale werden für die beiden Cluster mit den eingeführten drei Regel-Lernverfahren Modelle zur Vorhersage der Fehlerfälle erstellt. Die Ergebnisse der Modellbewertung sind in Tabelle A.8 aufgelistet, die zugehörigen Konfusionsmatrizen sind in Tabelle A.9 zusammengefasst.

Tabelle A.8: Ergebnisse der Regel-Lernverfahren für Fehler B

Algorithmus	Fehler	BAC	Recall	Präzision	F1-Maß
IREP	$Clust_1$	0,928	0,938	0,165	0,28
RIPPER	$Clust_1$	0,749	0,531	0,213	0,304
Skope-Rules	$Clust_1$	0,949	0,938	0,291	0,444
IREP	$Clust_2$	0,701	0,938	0,057	0,108
RIPPER	$Clust_2$	0,668	0,859	0,054	0,102
Skope-Rules	$Clust_2$	0,744	0,641	0,127	0,211

Die erzielten Ergebnisse des Fehlers B sind vergleichbar mit denen des Fehlers A. Die Algorithmen IREP und RIPPER zeigen insbesondere bei den Metriken Präzision und F1-Maß Schwächen, da viele fehlerfreie Fahrzeuge als fehlerhafte prädiziert werden. Der Skope-Rules-Algorithmus erreicht wiederum die besten Ergebnisse für beide Cluster, wobei das Ergebnis für $Clust_1$ besser ist als das für $Clust_2$. Für $Clust_1$ werden die fehlerhaften Fahrzeuge mit dem ermittelten Regelsatz sehr gut beschrieben, dargestellt durch den hohen Recall, während gleichzeitig eine gute Abgrenzung zu den fehlerfreien Fahrzeugen vorliegt, erkennbar an dem F1-Maß sowie der geringen Anzahl an falsch-negativ prädizierten Fahrzeugen. Durch eine genauere Analyse der mit dem Skope-

Rules-Algorithmus ermittelten neun Regeln für $Clust_1$ wird die Anzahl an falsch-negativ prädizierten Fahrzeuge um fünf verringert. Dazu werden die Regeln kumulativ angewandt und die jeweils erreichte Modellgüte bestimmt. Die Ergebnisse sind in Tabelle A.10 aufgelistet, wobei die Anwendung der zwei performantesten Regeln das beste Ergebnis zeigt.

Tabelle A.9: Konfusionsmatrizen der Regel-Lernverfahren für Fehler B

Algorithmus	Fehler	TP	FP	TN	FN
IREP	$Clust_1$	30	2	1691	152
RIPPER	$Clust_1$	17	15	1780	63
Skope-Rules	$Clust_1$	30	2	1770	73
IREP	$Clust_2$	60	4	855	988
RIPPER	$Clust_2$	55	9	879	964
Skope-Rules	$Clust_2$	41	23	1560	283

Tabelle A.10: Ergebnisse des Skope-Rules-Algorithmus für den Fehler B und $Clust_1$ im Detail

Anzahl Regeln	BAC	Recall	Präzision	F1-Maß
1	0,841	0,719	0,256	0,377
2	0,95	0,938	0,306	0,462
3	0,95	0,938	0,3	0,455

Für die weiteren Betrachtungen wird der Regelsatz des Skope-Rules-Algorithmus für das Cluster 1 auf die zwei performantesten Regeln reduziert, diese lauten:

Regel 1: $Vertriebsgebiet\_ID > 531 \quad \wedge \quad LK60_{X\_Var} > 289,25 \quad \wedge$
$LK70_{X\_Per90} \leq 57,98 \quad \wedge \quad LK70_{X\_Ptail} > 0,91 \quad \wedge$
$LK1_{X\_Skew} > 0,18$

Regel 2: $Produktionsdatum > 0,93 \quad \wedge \quad LK17_{Y\_Mean} > 9,46 \quad \wedge$
$LK1_{X3,Y3} > 7,3E - 3 \quad \wedge \quad LK108_{X\_Median} \leq 10,95$

Zum besseren Verständnis der in den Regeln enthaltenen Fehlerbedingungen sind in Tabelle A.11 die Beschreibungen der Merkmale aufgelistet. Im Gegensatz zum Fehler A bestehen die Regelbedingungen für den Fehler B vorwiegend aus den berechneten Statistikwerten, mit denen der Lastkollektivdatensatz angereichert wurde. Dies verdeutlicht die Notwendigkeit der Berechnung zusätzlicher Merkmale im Rahmen der Datenaufbereitung. Der dadurch erreichte Informationszuwachs im Datensatz führt zu einer besseren Regelerstellung und dadurch zu eindeutigeren Fehlerbedingungen. Die in Tabelle A.11 enthaltenen Bedingungen betreffen die Zustandsgröße Geschwindigkeit, die Umgebungstemperatur sowie die Komponenten HV-Batterie und WR. Der Fehlerort des Fehlers B wird innerhalb der Werkstattdaten dagegen mit EM angegeben. Dies stützt die für den Fehler A bereits getroffene Annahme, dass die innerhalb der Werkstattdaten aufgeführte Fehlerbeschreibung zu unpräzise ist. Zudem führt die im betrachteten BEV vorhandene Kombination von EM und WR als eine Antriebseinheit dazu, dass die individuellen Fehler beider Komponenten als ein Fehlerfall zusammengefasst werden. Die in der Methode zur Analyse der Fehlerbedingungen eingeführte Clusteranalyse ist somit notwendig, um die unpräzisen Fehlerbeschreibungen der Werkstattdaten für die Ermittlung der Fehlerbedingungen genauer zu differenzieren.

Tabelle A.11: Beschreibung der ermittelten Regelbedingungen für Fehler B

Merkmal	x-Achse	y-Achse
$LK1_{X3,Y3}$	$v \in [8, 50]\,\text{km/h}$	$P \in [35000, 90000]\,\text{W}$
$LK1_{X\_Skew}$	$\gamma_m(v)$	–
$LK17_{Y\_Mean}$	–	HV-Batt $\overline{T}_{\text{Batt}}$
$LK60_{X\_Var}$	–	HV-Batt $\sigma^2(\text{SoC})$
$LK70_{X\_Per90}$	WR $P90(T_{\text{WR}})$	–
$LK70_{X\_Ptail}$	WR $Ptail(T_{\text{WR}})$	–
$LK108_{X\_Median}$	$\tilde{T}_{\text{Außen}}$	–

A.3 Box-Plots der Einflussfaktoren

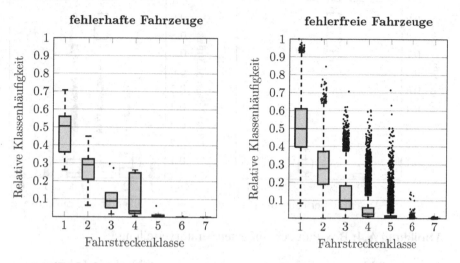

Abbildung A.2: Box-Plot der Fahrtstreckenverteilung

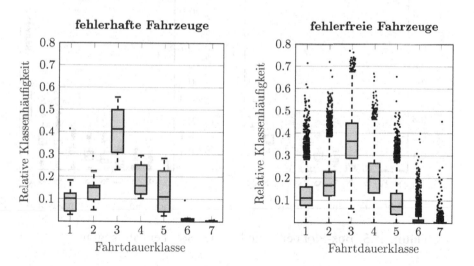

Abbildung A.3: Box-Plot der Fahrtdauerverteilung

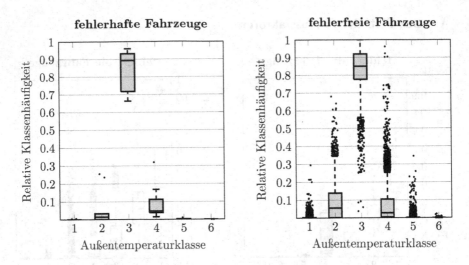

Abbildung A.4: Box-Plot der Außentemperaturverteilung

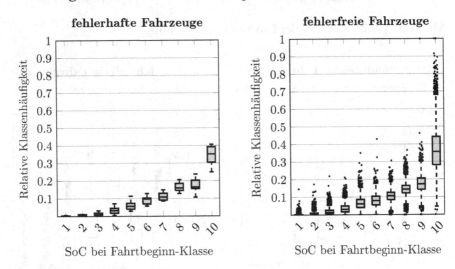

Abbildung A.5: Box-Plot der Verteilung des SoC bei Fahrtbeginn

B. Anhang zum Kapitel „Modellbildung und Simulation"

B.1 Graphische Validierung der Simulationsgrößen

Nachfolgend sind die Abbildungen für den graphischen Vergleich der in Kapitel 5.3 durchgeführten Validierung der Gesamtfahrzeugsimulationsumgebung aufgeführt. Für die transienten Signale Strom der HV-Batterie sowie Drehmoment und Drehzahl der EM sind aus Gründen der besseren Veranschaulichung nur zeitliche Ausschnitte der Ergebnisse dargestellt, während für die nichttransienten, bzw. quasistationären Signale SoC, Vor- und Rücklauftemperatur der HV-Batterie die gesamten Ergebnisse abgebildet sind.

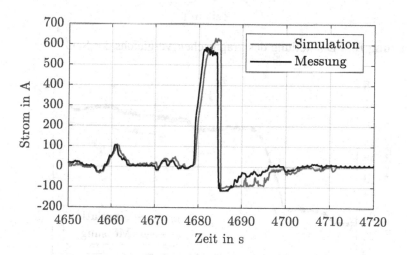

Abbildung B.1: Darstellung des graphischen Vergleichs des HV-Batteriestroms

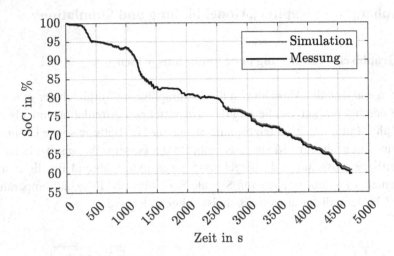

Abbildung B.2: Darstellung des graphischen Vergleichs des SoC

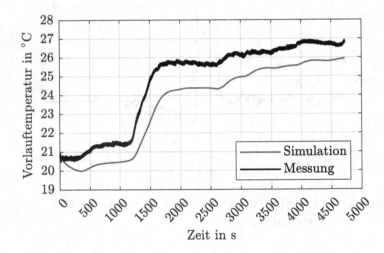

Abbildung B.3: Darstellung des graphischen Vergleichs der Vorlauftempera-
tur

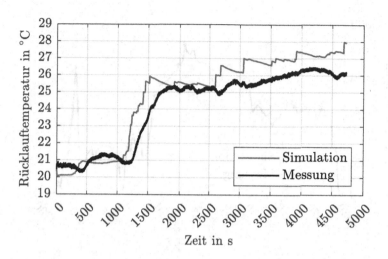

Abbildung B.4: Darstellung des graphischen Vergleichs der Rücklauftemperatur

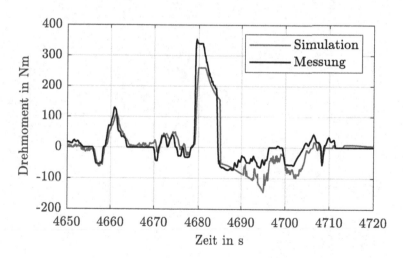

Abbildung B.5: Darstellung des graphischen Vergleichs des Drehmoments

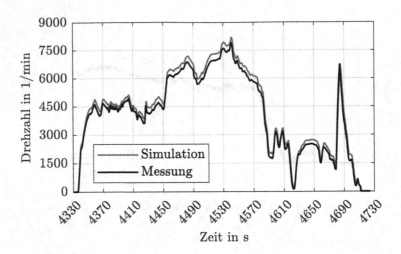

Abbildung B.6: Darstellung des graphischen Vergleichs der Drehzahl

C. Anhang zum Kapitel „Prüfzyklengenerierung"

C.1 Visueller Vergleich der Fahrbahnsteigung

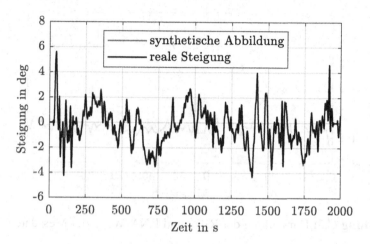

Abbildung C.1: Darstellung des graphischen Vergleichs der Steigung

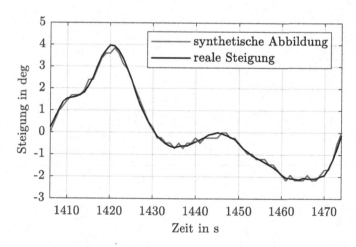

Abbildung C.2: Darstellung eines Ausschnitts des Steigungsvergleichs

C.2 Darstellung der RPA- und RNA-Werte der Messdaten

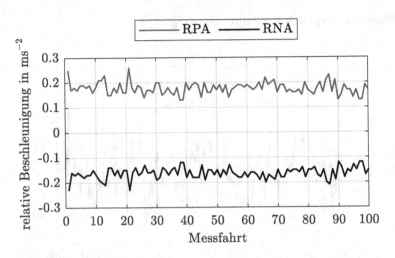

Abbildung C.3: Darstellung der RPA- und RNA-Werte der Messdaten

C.3 Auflistung der verwendeten Hyperparameter

Tabelle C.1: Verwendete Hyperparameter des Vortrainings und bestärkenden Lernens

Hyperparameter	Wert	Quelle / Definition
Sequenzlänge	80	[88]
Anzahl Demonstrationen	1E6 Demos = 25E3 Sequenzen	
Größe Wiederholungsspeicher	100E3	4· Anzahl Demo-Sequenzen
Prioritätsexponent	0,9	[88]
IS-Exponent	0,6	[88]
Discount-Faktor γ	0,99	[114]
Batch-Größe bs	32	[88]
Lernrate α	0.0001	[88]
Aktualisierungsfrequenz f_θ	100	-
Anzahl GRU-Schichten	2	-
Anzahl GRU-Neuronen pro Schicht	32	-
Gewicht λ_1	1,0	[77]
Gewicht λ_2	1,0	[77]
Gewicht λ_3	1E − 5	[77]
Anzahl N für N-Schritt-Verlust	10	[77]

C.4 Darstellung der Zyklen nach dem Vortraining

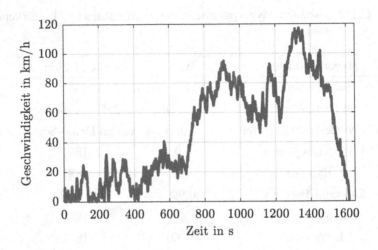

Abbildung C.4: Darstellung des Geschwindigkeitsverlaufs

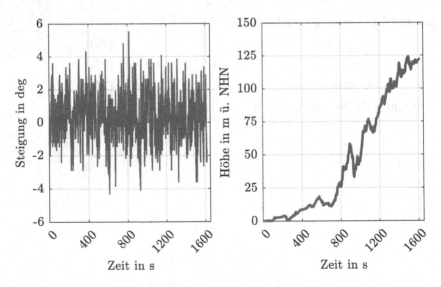

Abbildung C.5: Darstellung des Steigungsverlaufs und Höhenprofils

C.5 Ergebnisse des zweiten Prüfzyklus für $T_{\text{Außen}} = -6,3\,^\circ\text{C}$

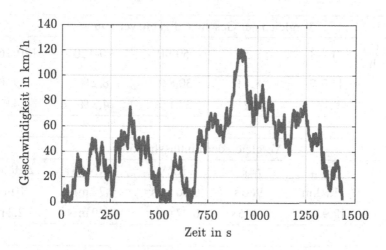

Abbildung C.6: Darstellung des Geschwindigkeitsverlaufs

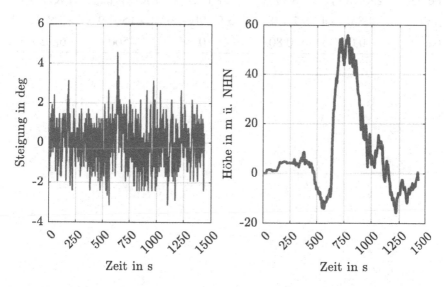

Abbildung C.7: Darstellung des Steigungsverlaufs und Höhenprofils

Tabelle C.2: Zusammenfassung der Ergebnisse für den zweiten repräsentativen Prüfzyklus

Vergleich der Geschwindigkeitsverteilung				
Klasse in km/h	0,1-8	8-50	50-90	90-120	120-160
Soll	11,7 %	48,4 %	30,8 %	8,2 %	0,9 %
Ist	9,1 %	49,2 %	37,1 %	4,3 %	0,4 %

Vergleich der Einflussfaktoren				
Faktor	s_{Fahrt}	t_{Fahrt}	RPA	RNA	ΔHöhe
Soll	11,9 km	966 s	0,26 m/s^2	$-0,23$ m/s^2	0 m
Ist	17,9 km	1436 s	0,27 m/s^2	$-0,29$ m/s^2	$-2,2$ m

Vergleich der Fehlerbedingungen				
Fehler	$LK16_{X2,Y5}$	$LK17_{X5,Y2}$	$LK17_{X5,Y5}$	$LK72_{Y\_Modus}$	$LK72_{X6,Y3}$
Soll	$> 4,85E-4$	$> 2,18E-7$	$> 9,29E-8$	$> 1501,9$	$> 1,91E-4$
Ist	0,03	0,803	0	4500	6,5E$-$3

Printed in the United States
by Baker & Taylor Publisher Services